本书系
国家文化部项目"中国民间竹器物文化研究（10DF26）"、
浙江省哲学社会科学规划课题
"浙江民间竹器物的生活与文化特征研究（06WZT042）"成果

ZHEJIANG MINJIAN
ZHUQIWU WENHUA YANJIU

浙江民间
竹器物文化研究

沈 法 著

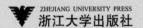

浙江大学出版社

浙江文化研究工程成果文库总序

    有人将文化比作一条来自老祖宗而又流向未来的河，这是说文化的传统，通过纵向传承和横向传递，生生不息地影响和引领着人们的生存与发展；有人说文化是人类的思想、智慧、信仰、情感和生活的载体、方式和方法，这是将文化作为人们代代相传的生活方式的整体。我们说，文化为群体生活提供规范、方式与环境，文化通过传承为社会进步发挥基础作用，文化会促进或制约经济乃至整个社会的发展。文化的力量，已经深深熔铸在民族的生命力、创造力和凝聚力之中。

    在人类文化演化的进程中，各种文化都在其内部生成众多的元素、层次与类型，由此决定了文化的多样性与复杂性。

    中国文化的博大精深，来源于其内部生成的多姿多彩；中国文化的历久弥新，取决于其变迁过程中各种元素、层次、类型在内容和结构上通过碰撞、解构、融合而产生的革故鼎新的强大动力。

    中国土地广袤、疆域辽阔，不同区域间因自然环境、经济环境、社会环境等诸多方面的差异，建构了不同的区域文化。区域文化如同百川归海，共同汇聚成中国文化的大传统，这种大传统如同春风化雨，渗透于各种区域文化之中。在这个过程中，区域文化如同清溪山泉潺潺不息，在中国文化的共同价值取向下，以自己的独特个性支撑着、引领着本地经济社会的发展。

    从区域文化入手，对一地文化的历史与现状展开全面、系统、扎实、有序的研究，一方面可以藉此梳理和弘扬当地的历史传统和文化资源，繁荣和丰富当代的先进文化建设活动，规划和指导未来的文化发展蓝图，增强文化软实力，为全面建设小康社会、加快推进社会主义现代化提供思想保证、精神动力、智力支持和舆论力量；另一方面，这也是深入了解中国文化、研究中国文化、发展中国文化、创新中国文化的重要途径之一。如今，区域文化研究日益受到各地重视，成为我国文化研究走向深入的一个重要标志。我们今天实施浙江文化研究工程，其目的和意义也在于此。

千百年来，浙江人民积淀和传承了一个底蕴深厚的文化传统。这种文化传统的独特性，正在于它令人惊叹的富于创造力的智慧和力量。浙江文化中富于创造力的基因，早早地出现在其历史的源头。在浙江新石器时代最为著名的跨湖桥、河姆渡、马家浜和良渚的考古文化中，浙江先民们都以不同凡响的作为，在中华民族的文明之源留下了创造和进步的印记。

浙江人民在与时俱进的历史轨迹上一路走来，秉承富于创造力的文化传统，这深深地融会在一代代浙江人民的血液中，体现在浙江人民的行为上，也在浙江历史上众多杰出人物身上得到充分展示。从大禹的因势利导、敬业治水，到勾践的卧薪尝胆、励精图治；从钱氏的保境安民、纳土归宋，到胡则的为官一任、造福一方；从岳飞、于谦的精忠报国、清白一生，到方孝孺、张苍水的刚正不阿、以身殉国；从沈括的博学多识、精研深究，到竺可桢的科学救国、求是一生；无论是陈亮、叶适的经世致用，还是黄宗羲的工商皆本；无论是王充、王阳明的批判、自觉，还是龚自珍、蔡元培的开明、开放，等等，都展示了浙江深厚的文化底蕴，凝聚了浙江人民求真务实的创造精神。

代代相传的文化创造的作为和精神，从观念、态度、行为方式和价值取向上，孕育、形成和发展了渊源有自的浙江地域文化传统和与时俱进的浙江文化精神，她滋育着浙江的生命力、催生着浙江的凝聚力、激发着浙江的创造力、培植着浙江的竞争力，激励着浙江人民永不自满、永不停息，在各个不同的历史时期不断地超越自我、创业奋进。

悠久深厚、意蕴丰富的浙江文化传统，是历史赐予我们的宝贵财富，也是我们开拓未来的丰富资源和不竭动力。党的十六大以来推进浙江新发展的实践，使我们越来越深刻地认识到，与国家实施改革开放大政方针相伴随的浙江经济社会持续快速健康发展的深层原因，就在于浙江深厚的文化底蕴和文化传统与当今时代精神的有机结合，就在于发展先进生产力与发展先进文化的有机结合。今后一个时期浙江能否在全面建设小康社会、加快社会主义现代化建设进程中继续走在前列，很大程度上取决于我们对文化力量的深刻认识、对发展先进文化的高度自觉和对加快建设文化大省的工作力度。我们应该看到，文化的力量最终可以转化为物质的力量，文化的软实力最终可以转化为经济的硬实力。文化要素是综合竞争力的核心要素，文化资源是经济社会发展的重要资源，文化素质是领导者和劳动者的首要素质。因此，研究浙江文化的历史与现状，增强文化软实力，为浙江的现代化建设服务，是浙江人民的共同事业，也是浙江各级党委、政府的重要使命和责任。

2005年7月召开的中共浙江省委十一届八次全会，作出《关于加快建设文化大省的决定》，提出要从增强先进文化凝聚力、解放和发展生产力、增强社会公共服务能力入手，大力实施文明素质工程、文化精品工程、文化研究工程、文化保护工程、文化产业促进工程、文化阵地工程、文化传播工程、文化人才工程等"八项工程"，实施科教兴国和人才强国战略，加快建设教育、科技、卫生、体育等"四个强省"。作为文化建设"八项工程"之一的文化研究工程，其任务就是系统研究浙江文化的历史成就和当代发展，深入挖掘浙江文化底蕴、研究浙江现象、总结浙江经验、指导浙江未来的发展。

浙江文化研究工程将重点研究"今、古、人、文"四个方面，即围绕浙江当代发展问题研究、浙江历史文化专题研究、浙江名人研究、浙江历史文献整理四大板块，开展系统研究，出版系列丛书。在研究内容上，深入挖掘浙江文化底蕴，系统梳理和分析浙江历史文化的内部结构、变化规律和地域特色，坚持和发展浙江精神；研究浙江文化与其他地域文化的异同，厘清浙江文化在中国文化中的地位和相互影响的关系；围绕浙江生动的当代实践，深入解读浙江现象，总结浙江经验，指导浙江发展。在研究力量上，通过课题组织、出版资助、重点研究基地建设、加强省内外大院名校合作、整合各地各部门力量等途径，形成上下联动、学界互动的整体合力。在成果运用上，注重研究成果的学术价值和应用价值，充分发挥其认识世界、传承文明、创新理论、咨政育人、服务社会的重要作用。

我们希望通过实施浙江文化研究工程，努力用浙江历史教育浙江人民、用浙江文化熏陶浙江人民、用浙江精神鼓舞浙江人民、用浙江经验引领浙江人民，进一步激发浙江人民的无穷智慧和伟大创造能力，推动浙江实现又快又好发展。

今天，我们踏着来自历史的河流，受着一方百姓的期许，理应负起使命，至诚奉献，让我们的文化绵延不绝，让我们的创造生生不息。

2006年5月30日于杭州

目　录

引　言

一、正在消失的民间竹器物——研究的背景与意义

五千年中华文明史，可以说是众多器物堆成的历史。尽管从远古时代的打制石器、陶器，到殷商时期的青铜器、汉代的玉器、唐代的唐三彩、宋元时期的瓷器、明清时期的家具等等，无不在向现今的人们诉说着它们曾经的辉煌和其中所蕴含的文化内涵，但其中却没有一种材料能像竹那样默默无闻，历经几千年而不衰，并逐步渗入中华民族物质和精神生活的各个方面。历代工匠们以其高超的智慧与技巧，利用竹这种并不高贵却与人类生活紧密相关的材料，创造了至今还在广泛应用的民间竹器物，造就了丰富多彩的中国竹器物文化，而竹器物也因此成为中国竹文化最为重要的物质文化元素之一。

从竹器物的历史来讲，研究证明，早在5000年前的浙江湖州（属良渚文化区域）就已普遍使用竹器物。[①]2004年，湖南高庙文化遗址挖掘出一个竹篾垫子，这比浙江良渚文化遗址发现的竹席、竹篓、竹篮等竹器物要早两千多年，是迄今为止中国已知的最早的竹器物。理论上，人类对竹器物的使用应该可以上推至更加遥远的年代。"早在一万多年前的原始社会，我国先民就开始以竹制作渔猎工具，从事原始的渔猎活动。"[②]可以说，在我国，生产、生活工具发展的各个阶段，基本上都有竹制的器物。

① 浙江湖州钱山漾遗址曾出土两百多件良渚文化竹器，既有篓、席、筐，又有篮、簸箕和箪，等等。编织纹样有一经一纬、二经二纬和多经多纬编成的人字纹、菱格纹、梅花眼与密纬疏经的十字纹，以及难度较大的"辫子口"等，这些纹样直至今日仍在使用。

② 王平. 中国竹文化[M]. 北京：民族出版社，2001：130.

竹器和石器、木器及金属器等一道组成了器物发展演变的历史链条。

从汉字中竹部文字的情况来分析，也可看出中国竹子利用的古老历史。古人把"不刚不柔，非草非木，小异空实，大同节目"（南朝戴恺之《竹谱》）的植物称为竹，基于这种形态上的认识，对竹子进行加工，制成物品，遂从"竹"字衍生出竹部文字。随着人类对竹子认识的不断深入，竹子利用日益广泛，"竹"部文字也随之增加。如《辞海》中共收录竹部文字209个，如笔、籍、簿、简、篇、筷、笼、笛、笙等。此外，随着竹器物的普及，与之相关的成语也应运而生，诸如"竹报平安"、"衰丝豪竹"、"青梅竹马"、"日上三竿"等。这些文字和成语涉及社会和生活的各个领域，一方面说明竹子已日益为人类所认识和利用；另一方面反映了在中国几千年的历史上，竹子在工农业生产、文化艺术、日常生活等多方面起着重要作用。

虽然民间竹器物历经几千年而盛行不衰，但是到了近代，特别是当工业革命之风吹到中国，民间竹器物便遭受了种种冷遇。一方面，竹器物逐渐被更加实用的塑料、金属等制品代替，人们的生活观念随之发生了巨大的改变，围绕竹器物所形成的一系列生活方式和习俗正悄然退出历史的舞台。如今，新农村建设政策的施行，更加快了这种代替的步伐。笔者于2001年开始留意竹器物，发现这种变化是令人震惊的，特别是在较富裕的浙江农村，竹器物的使用大幅缩减，它们大都被搁置在储物间的角落里，从上面的灰尘就可以看出这些器具备受冷落。随着竹器物被冷落，大部分竹器物制作者（工匠）也变成了无业游民，虽然偶尔能碰上还在从事竹器物制作的工匠，但其境况已大不如前。他们大都是老者，继续从事该行业多半是迫于家庭的经济压力。对他们来讲，不做工匠，还能做什么呢？现在的年轻人是不可能从事这一即将谢幕的行业的，因此，这些老工匠已经很多年没有带徒弟了，而以前的徒弟也大多逃离了这个行业，毕竟至少在目前看来，干其他行当总比做竹器工匠来钱快。由此，竹器物的日益减少是理所当然的。

另一方面，沿袭了几千年的竹器物及其文化并不会因为社会的发展、民众的冷落而趋于消亡。

从现象上看，首先，竹器物还在民间大量存在，被民众使用，虽然有些器物因其生产方式落后而渐趋消亡，但大部分竹器物，特别是日用竹器物，由于其低廉的价格、耐久的实用性及人们投注其中的情感等因素而得以保存并延续。其次，新的生活、生产方式也催生了新的竹器物样式，它们被大量应用在旅游、餐饮等场所，这是社会历史发展的必然结果，也是器物顺应社会发展的必然结果。目前，虽然竹工匠的人数急剧下降，但制作竹器物的新的技术手段得到了较广泛的应用，如竹凉席，现在大部分产品都是机器加工的，即使是没有学过篾匠活的工人，也照样能编织出精美的产品。此外，随着机械加工技术的提高，竹器物的形制也得到了发展，这是过去纯粹靠手工劳作的生产方式所无法实现的。可见，传统竹器物目前受冷落，只是一时的状况。

从本质上看，第二次工业革命到现在才经历了一百多年的时间，信息时代的真正到来尚不足三十年，人类还沉浸在新时代所引发的阵阵幸福感之中，"喜新厌旧"的心态乃是人类本能的反应，大部分人根本无暇反思技术进步的缺陷、弊端。就个人而言，笔者并不认同信息时代将给人类带来全面幸福的说法，尤其是当我们每天在电脑面前处理着各种事务，同时不自觉地感到厌烦的时候。所谓"更美好的生活"，绝不简单等同于现代人的生活。竹器物及其他传统器物所凝聚的人类的纯真情感，是一些现代产品所不具备的，这既是民间器物的文化价值，也是"更美好的生活"的重要组成部分。

所以，不存在竹器物即将消亡的概念，正确的说法是"转型"。"民间艺术是源也是流。它是人民大众即时的艺术创造。从历史看，虽然它的形式变化比较缓慢，实际上一直在变化着。只是在现代社会转型期，它一时不能适应；从长远的观点看，它也会逐渐'转型'的。"①物质条件和生活方式的改变，势必会引起实用性的民间工艺极大的变化。其中，既有质的变化，也有量的变化；而且还有应用上和形式上的"转化"，比如由过去的日常用品转化为现在的工艺品（包括旅游纪念品）等。②中国是"竹子文明"的国度。竹器物一时的衰落，并不代表其永久的沉没。人类对这种资源的重新认识与理解，必定会让它焕发出新的生机。

结合上述分析，民间竹器物文化研究课题的意义主要体现在以下四个方面：

其一，推进竹文化研究的深度，使之与传统工艺文化研究的整体水平持平。

从传统工艺文化研究整体来看，经过几代人的努力，重要的理论框架已确立，在此框架下，有学者展开了较为细致的研究。目前，中国传统工艺文化研究正由整体式的框架研究逐步转入主题性研究，研究的内容发生了重大的改变。但是，就中国竹文化研究而言，目前的状况是，学界普遍关注竹本身所蕴含的中国传统文化意蕴和特征，而对竹文化中民间工艺的部分却未能作更深的探究。这与传统工艺文化研究的整体水平是有差距的。本书既是竹文化研究的一个重要方面，也是一份有益的补充。

---

① 张道一. 民艺学论纲——序言.见：潘鲁生.民艺学论纲[M].北京：北京工艺美术出版社，1998：1.
② 许平. 造物之门[M]. 西安：陕西人民美术出版社，1998：301.

其二，就民间竹文化研究而言，其主要内容可以归结为对民间竹器物及其中所包含的文化的研究。我国民间竹器物种类繁多，日常生活中，收纳用具如笼、箱、篓、柜等，坐卧器具如椅、榻、坐车、筬席等，炊具、食具如蒸笼、菜罩、茶筒、筷子、笊篱等，晒具如晒簟、团匾、晒筛等，以及笆帚、扫帚、火熄、扇子、灯笼、篮子等等；生产劳动中，农业用具如竹筛、箩筐、竹耙、蚕匾、畚箕、筒车等，交通工具如竹桥、竹筏等，捕鱼用的鱼篓、鱼笱、竹簖等，狩猎用的竹吊、竹夹等，不一而足，难以尽数。正如苏东坡所述："食者竹笋，居者竹瓦，载者竹筏，炊者竹薪，衣者竹皮，书者竹纸，履者竹鞋，真可谓不可一日无此君也。"民间竹器物得以广泛应用与长期存在，其背后的文化属性是最主要的因素。深入挖掘古老的民间竹器物，找出竹器物扎根于民间的原因，对于深化民间竹文化研究不无裨益。

其三，从研究对象看，浙江省竹资源丰富，其竹林面积约占全国竹林面积的五分之一。竹器物的使用在这里有悠久的历史，当地人民在竹器物的制作、加工及工艺方面有非常丰富的经验。长期以来，这里出产了大量的生活、生产用竹器物和竹工艺品，比如象山县的竹根雕，嵊州、东阳和安吉的竹编等，在全国乃至全世界都有一定的知名度。"浙江以全国1/6的竹类资源，创造了占全国竹业1/3的产值。"据浙江省竹产业协会统计，2005年浙江竹业总产值达180多亿元，其中第一、二、三产业产值分别达50亿元、120亿元和10亿元。可见，与竹子相关的第三产业目前还相当薄弱。因此，在浙江省开展民间竹器物的研究，具有一定典型性和现实意义。

其四，"民间工艺的价值正在更多地转化为文化价值"[①]。中华民族作为具有五千年文明史、五十六个民族的文化共同体，有着独特的生存、生活智慧，这些智慧散落在民间，凝聚在民间

---

① 许平. 造物之门[M]. 西安：陕西人民美术出版社，1998：301.

器物、工艺之中，大部分还处于原生状态，未得到充分的关注。这些与人们生活不可分割的物质文化形式，集中体现了中华民族数千年来关于外部世界及人与自然关系的认识，体现了人类处理其与自然关系的全部重要原则；这些原则不仅指导过中华民族的生活，也为人们未来的生存与幸福提供参照。从这个意义上讲，研究民间竹器物就是研究民间竹器具所承载的文化，研究民间竹器物设计、制作、使用过程中所反映的民族文化心态与审美旨趣。对浙江省民间竹器物生活与文化特征的研究，对于带动浙江省竹产业的发展，对于浙江民间竹器工艺的保存和传承有极大的价值与意义。

二、研究历史与现状

"中国民间竹器物是普通劳动人民通过自己的智慧，以竹为材料，加工、制作而成的生活、生产器具。这里的'劳动人民'区别于民间艺术品的制作者，指的是散落在民间的'工匠'。正是这些工匠，创造了丰富的民间竹器物。"[①]由于文化知识水平普遍较低，过去的工匠不可能对民间竹工艺进行系统的研究和整理，导致民间竹器物及其工艺长期处于边缘状态，未能引起人们的关注。

另外，学界对民间竹器物的研究主要是从民间工艺品及民间美术的角度展开，往往将民间工艺与民间美术等同看待，而相对忽视了民间生活、生产器物的研究，从而也就忽视了其中蕴涵的大量文化素材。

近年来，人们对民间工艺的关注与日俱增，"民俗热"、"民间美术热"、"回归寻根热"等思潮此起彼伏，介绍、研究具体民艺事象的著述可谓汗牛充栋。在竹文化方面，前人的研究

---

① 沈法，张福昌. 民间竹器物的形式特征及本原思想研究[J].竹子研究汇刊，2005（4）：1.

主要涵盖了以下三个方面的内容：一是中国竹文化研究，有关专著如王平《中国竹文化》（北京：民族出版社，2001）、关传友《中华竹文化》（北京：中国文联出版社，2000）、何明《中国竹文化研究》（昆明：云南教育出版社，1994）。二是区域竹文化研究，大多集中在湖南、云南、四川和贵州等地，特别是湖南省，如益阳的竹文化①、邵阳的竹文化②、九嶷山的竹文化③、湖南人与竹文化④、土家族竹文化⑤。在云南省竹文化研究方面，较有影响的是何明等《竹与云南民族文化》（昆明：云南人民出版社，1999）。三是竹文化研究与发展旅游产业结合。近年来，随着旅游业的发展，在竹资源丰富的地区，把竹文化与旅游产业结合起来已经成为吸引消费者的手段之一。⑥就浙江省来看，虽然其竹产业发展势头很猛，但有关的研究论著却相当少，区域竹文化研究仅涉及天目山⑦、湖州⑧、安吉⑨和龙游⑩等地区，这样的状况与其竹产业的发展程度极其不符。

本课题涉及的浙江省民间竹器物生活与文化研究，通过全省范围内的考察，从浙江民间竹器物的制作、使用、审美等角度，探讨浙江省竹器物文化，分析其本质特征和区域、民族特色。在这一点上，上述论著都未有更深的探讨。

① 杨帆，陈怡，王永安.竹类植物园的文化构思与表现[J].竹子研究汇刊，2002（3）.
② 熊焰.邵阳竹文化初探[J].邵阳学院学报，2002（5）.
③ 成彬.九嶷山泪竹文化景观[J].衡阳师范学院学报，1996（4）.
④ 黄中益.湖南人与竹文化[J].益阳师专学报，2000（1）.
⑤ 王平.土家族竹文化探析[J].中南民族学院学报（哲学社会科学版），1994（1）.
⑥ 刘龙泉.蜀南竹海发展竹文化旅游初探[J].重庆师范学院学报（自然科学版），1995（4）.
⑦ 何钧潮，张慧，朱永军，等.天目竹文化初探[J].竹子研究汇刊，2003（3）.
⑧ 伊蓉.竹乡竹文化[J].中国地名，2001（3）.
⑨ 沈阳，杨绍中.浙江省安吉县竹子生态旅游发展思考[J].竹子研究汇刊，2003（3）.
⑩ 唐朝亮，方金元.从多视角探索龙游竹文化[J].科学中国人，2000（8）.

三、研究内容

研究民间竹器物的生活与文化特征，除了调查现有的和已经消失的民间竹器物外，还需要研究与竹器物有关的一切自然、人文事象，包括区域环境、民间器物、工匠技艺与民俗文化等。就像品鉴一幅名画，除了评述其题材、处理手法、艺术表现形式、绘画技法外，更多的是品评与画作者、创作背景、艺术成就等相关的内容，只有这样，才能真正懂得这幅画的魅力和美丽，当然，这也适用于研究器物文化。

（一）区域环境：文化生长的土壤

费孝通《乡土中国》一书译成英文时，正标题采用"From the Soil"，意为"从土里面长出来的"。笔者从开始着手研究，到课题结束，在对民间竹器物的深入了解和挖掘过程中，深刻感悟到"乡土"一词的魅力。

"乡土"，在某种意义上，亦即"民间"。特别是在过去自给自足的自然经济状况下，中国乡民赖以生存的东西就是"乡土"。乡土给了我们生活、生产所需的一切，造就了区域之间的各种差异，随着时间的演进，在此基础上逐渐形成一定区域内的文化差异。尤其是在过去，生活空间相对封闭，文化体系较为"单纯"，人们"靠山吃山，靠海吃海"，"百里不同风，千里不通俗"，形成形态各异的民俗文化。可以说，不同区域环境内的文化差异，主要源于"乡土"。在浙江这个"七山一水二分田"的多样区域中，其体现更突出。

现如今，一切都变了，"空间"不再封闭，人们不再固守自己的"一亩三分地"，文化也似乎进入了大融合、大转型的时代，"适者生存"的原则在器物上也有所体现。塑料、金属制品大举进入人们的生活，人们的观念也发生了变化，以前过年过节必须要操办的仪式，必备的器物、食品等，对于现在的年轻人来说已经相当遥远，甚至被遗忘。这一切变化都显得那么自然。在21世纪的今天，要研究传统器物文化，其中的难度是可想而知的。2008年，当笔者满怀信心去考察安吉天荒坪镇时，所见的景象是令人震惊的：尽管竹林依旧，但昔日的乡土气息已经被遍地的小洋房取代，民间的传统竹器物似乎也在一夜之间蒸发了，取而代之的是琳琅满目的塑料、金属制品。睹此情景，有一些欣喜，也有一些失落，欣喜的是人们的生活水平提高了，失落的是我想看到和了解的东西不见了，它们不是被藏了起来，而是被人彻底遗忘。如果现在不及时加以整理，那么随着时间的推移，其难度将更大。因为一旦空间的独立性被现代技术撕裂，想要把被粉碎的事项重新整合，就必须回到过去。

环境是人类短暂生活的比较恒定的外部空间。环境是人类赖以生存的基础，给人类提供了维持生存所需的物质资源。地理环境是复杂多样的，不同的环境有不同的地形地貌、地质土壤、生物物种，有些环境适合竹子生长，有些环境出产木材，等等。美国人文地理学景观学派代表人物索尔（Carl Ortwin Sauer，1889—1975）说，一个特定的人类群体，在他文化的支配下，在其长期所活动的区域中，必然创造出与其相适应的地表特征。这种地表特征是由于人类介入环境、运用环境、改造环境的不同方式而造成的，是自然景观向人文景观转化的一种结果。即，文化形成的基础是地理环境。

何谓人文景观？人文景观又称文化景观，是人们为了满足物质和精神等方面的需要，在自然景观的基础上叠加文化特质而构成的景观。人文景观是人在大地（亦即环境）上的表现，不论是叠加有形的物体，还是叠加无形的文化，必须有基础平台，而环境就是一切叠加的最为基础的平台。脱离了大地这个平台，也即脱离了环境，一切均是空中楼阁。因此，器物或文化研究有了环境这个平台，才是可行的。因为区域环境是文化生长的土壤。

区域，从理论上来讲是可以无限划分的，就像人类群体最终可以归结到个人（单体）。现在，我们已经限定浙江省这一区域环境，接下来必须针对这个环境，以竹器物为研究对象，从中提炼出这一区域环境的规律，乃至文化因素。就自然环境而言，浙江是个多山的省份，多产毛竹、水竹等竹类资源，这一环境已经存在了几千年，甚至上万年，这是不可改变的（即所谓恒定的）外部空间。但从浙江省内部来看，还可以进行区分，比如，有的区域靠海，有的区域是平原，有的区域是山区……此外，还要仔细分析区域内的社会环境，比如有的区域居住着少数民族，等等。于是，在整体环境相同（即竹资源丰富）的条件下，不同的区域在器物、文化、价值观、习俗等方面又有所不同。

我们可以作这样一番假设：最初，当人们利用自然资源进行造物活动，并从对物的使用中体验到某种便利与愉悦时，人们便开始习惯于这种器物所承载的生活方式，在延续这种习惯的过程中，人们对物的改造也在不断进行，最终实现了物对社会的作用。当器物原有的价值丧失，也就是失去其存在的社会基础的时候，它将逐渐被新的事物代替，形成新的局面。这个"新的事物"有可能是同种材料的不同表现，也可能是完全不同的质地。另外，"新的局面"并不一定是社会的一种进步，因为一项变革到底是进步还是退步，生活在当下的人永远没有资格讲。

总之，社会环境是人类在长期有意识的社会劳动中，在自然环境的基础上，通过加工和改造自然物质，创造物质生产体系，积累物质文化等而形成的环境体系，是与自然环境相对的概念。社会环境一方面是人类精神文明和物质文明发展的标志，另一方面又随着人类文明的演进而不断地得到丰富和发展。就本书而言，浙江省竹器物使用的社会环境主要指与竹器物相关的浙江省的社会政治、经济、文化等环境。

（二）民间器物：一种乡巴里的物质文化丛

何谓民间器物？何谓以竹器物为生活的民间概念？关于民间器物，长期以来有诸多解释，研究立场和角度不同，解释也有所不同。

民间器物是由"民间"和"器物"这两个具有相对独立性的词组成的。何谓"民间"？就词义本身来解，"民间"涵盖了整个人类和全部社会生活——何人、何事、何时不在"民间"？然而事实上，当我们提出和使用"民间"这个概念时，我们已经自觉不自觉地把它与"上层"、"官方"、"宫廷"、"士大夫"、"知识分子"、"小资产阶级"等社会阶层作了区分。我们使用"民间"这个概念，有时指在当代社会不占主流、处于边缘的东西，有时也指长久沉淀下来的东西。那些质朴无华，与知识阶层相比文化修养较少，与其他政治或经济上的上层阶层相比显得毫不起眼的默默无闻的普通民众，他们的天地、他们的人生——物质生活和精神生活融合在一起的人生，就构成了如汪洋大海般宏阔、同时又常常被忽视的"民间"。必须承认，这个"民间"在生活形态、基调和风格上，有其整体的一致性和相对的独立性。

"器物"，按照《现代汉语词典》（第6版）的解释是："各种用具的统称。"

先秦时期的典籍对"器"与"物"早有许多阐释，其中以《老子》、《易传》和《考工记》的阐释最具代表性。老子认为，"埏埴以为器，当其无，有器之用"，"朴散则为器"。在他看来，糅合陶土，做成陶器，器体中有虚空的空间，具备了盛物的功能，这就是"器"。质朴的木经雕刻后做成的器皿，也是"器"。老子不但指出"器"是什么，而且提及制器的工艺和制器的目的。不管是陶制器皿还是木制器皿，都是由人选择物质材料，经过加工制作而成的，具有盛装东西的实用功能的器具。

成书于战国时期的《周易》，其传文部分《易传》则把"器"上升到"道"的高度："是故形而上者谓之道，形而下者谓之器。"《周易正义》云："道在形之上，形在道之下，故自形外已上者，谓之道也，自形而下者，谓之器也。形虽处道器两畔之际，形在器不在道也。既有形质，可为器用，故云'形而下者谓之器'也。"《易传》把居于形体之上的精神因素叫做"道"，居于形体以下的物质状态叫做"器"，指出了"器"的物质属性，更指出了"道"与"器"两者相互对应、相互依存的关系。

《考工记》是先秦时期重要的工艺典籍，其中也多次提到了器，如"审曲面势，以饬五材，以辨民器，谓之百工"，"梓人为饮器"，"庐人为庐器"，而"（故）一器而工聚焉者，车为多"，等等。《考工记》把从事审视曲直、观察形势、整治五材、制作器具的，叫做百工。梓匠制作饮器，庐匠制作庐器，一种器物聚集数个工种的制作才能完成。可见，器是由百工经过选择、审视、观察各种材料并制作而成。各种不同功能效用的器具，是由不同的工匠来制作的。

物，有自然物和人造物。当器与物连用时，就是指由人工创造的，具有功能效用的器具物品。在古代早期，人们对于种种器物是谁发明创造的不得其解时，往往归结为上天的"造物主"，或是人间的"圣人"。当然，真正的"造物主"是广大拥有聪明智慧、具有创造才能的劳动人民。

综上所述，民间器物是普通劳动人民通过自己的智慧，为生活、生产需要而创造出来的器具物品。民间竹器物就是以竹为主要材料制作的器具物品。这里还要具体说明的是"民"之界限，即"民"在本书中的具体范围。作为民艺学的范畴，对于民间器物的"民"，应当是从民艺学的角度来解释，但学界对民艺的界限各不相同。欧美学界侧重研究传统形态的民俗艺术、民族艺术和现代形态的通俗艺术诸门类，其他一些学者借用文化人类学及现象学等学科的理论来探究民艺的人文特质。在中国，张道一先生在"中国民艺学理论研讨会"上发表的《中国民艺学发想》，是一篇具有民艺理论建设性的论文，第一次比较全面地提出民艺的学科建设问题，并从研究对象、研究宗旨及分类、成就、比较研究和研究方法等六个方面明确了民艺学的学科构成。他指出："民艺学侧重于研究艺术的发生和发展同劳动群众的关系，以及由此所形成的种种特点和规律。一般来讲，历史上的民艺现象多是与民俗相联系的，但是在现实生活中，有些民艺已经离开了民间风俗而独立发展。"在日本，民艺运动的倡导者柳宗悦把民艺解释为"民众的工艺"。现代日本学术界一般把民艺、民俗、民具并列作为三个学科，认为民艺是"民众艺术"的略称，或作"民间工艺"、"民间手工艺"。柳宗悦在其代表著作《工艺文化》一书中明确阐述了民艺的性质与界限，将民艺与贵族工艺、个人工艺相对举，列举了民艺的五个特征："①为一般民众的生活而制作的器物；②迄今为止以实用为第一目的而制作的；③为了满足众多的需要而大量准备着的；④生产的宗旨是价廉物美；⑤作者是工匠。"可见，日本对民艺概念的理解及研究，其范围比中国的民间工艺还要小。

基于上述分析，结合本课题的研究重点，笔者对"民"的对象及范围也作了一定的划分：从对象来看，主要指农民，即以竹为生活、生产特性的农民。从地域来看，主要是农村，即以竹为生活、生产特性的农村。从性质和界限来讲，与柳宗悦民艺性质和界限的划分相类似。

理解了"民间器物"的概念，再来了解作为文化的有形载体，竹器物到底阐述的是何种文化。我们知道，中国作为"竹子文明"的国度，竹的文化内涵是多种多样的，目前来讲，人们说得较多的是"士大夫"等传统文人寄寓于竹的审美观念、审美情趣、审美理想以及思想人格和伦理追求，而民间的乡民的竹风俗、竹传统则往往被当作蹩脚的、非主流的文化。这是有失偏颇的：一方面，文化之间不存在"差距"，只有"差异"；另一方面，在中国，不管是过去还是现在，农村人口始终占据绝大多数，放弃绝大多数而专注于少数，其片面性毋庸置疑。

（三）工匠技艺：手工的智慧

以民间器物作为研究对象，必然要了解制作器物的工匠——手工艺人。

"手工艺的开始只是为自己制作器物。"[1]后来由于生活复杂化，才出现专人制作某类器物的情况。这是一个可以设想的历程。当初，人类在与大自然的相处中，为了生活便利，自然学会了借用器物的技巧，当然，最初的器物是非常简陋的，甚至是天然的产品，这一点可在考古发掘的简易工具中得到证明。随着时间的推移，人类逐步积累生活、生产经验，慢慢地，造物的数量和品质有大幅度的提升，有些器物甚至形成固定的模式，不断复制。人类在自给自足的同时也开始了手工艺的历程。

---

① 柳宗悦. 工艺文化[M]. 桂林：广西师范大学出版社，2006：41.

"至原始社会晚期，出现部落联盟，氏族之间有了生产分工。传说黄帝曾命宁封为陶正，主管制陶，命赤将为木正，主管木器制作。关于黄帝及其亲人发明衣裳、舟车、弓箭、养蚕等的传说，正是那个时代氏族工匠的分布和分类情况的反映。"①器物制作能够成为职业，因为并不是每个人都有时间去制作器物，也不是每个人能都掌握制作种种器物的技能。随着巧者与拙者的分化，巧者逐渐成为行业的"专家"，由此产生种种非"专家"不能制作的器物；同时，也出现了器物与器物的交易。以物易物必然要发展为商品买卖，以制作器物来补贴生计的人逐渐增加。

"在农村，由于农时不能耽误，只能在从事农业之暇才能进行这种工作，即所谓的半工半农。"②半工半农的民间工匠作业形式至今还大量存在。以上所述就是民间工匠的基本发展历史。

有些种类的器物，其工匠制作方式和水平至今还基本停留在最原始的状态，比如竹器物。如良渚文化遗址出土的6000年前的竹器物，在制作方式和精巧程度上足可与现代产品媲美。

上面提到，巧者和拙者的分化导致器物制作的专门化。好的工匠被称为巧匠。巧者，手巧也。但工匠与同样有巧者之称的"艺术家"是有区别的。柳宗悦《工艺文化》一书谈到人们对民艺的非难以及匠人与艺术家的区别：

迄今为止的许多非难，可以集中概括为两点：一、民艺的作者是匠人，不具备美术家的修养，从而不可能期望他们创造出所谓高级之美；二、民艺为民众的实用所提供的杂器，不是为了美而制作的，因而不具备很高的价值。所有的批评只限于民艺是卑贱的民用器具，这大概也是今天的人们为什么要敬重个人作家的作品和贵族工艺品的理由。

---

① 曹焕旭. 中国古代的工匠[M]. 北京：商务印书馆国际有限公司，1996：41.
② 柳宗悦. 工艺文化[M]. 桂林：广西师范大学出版社，2006：42.

可是，我们知道个人性、贵族性与工艺有着许多矛盾。因此，反过来说，也可以把匠人创造的器物的非个性、质朴性考虑为工艺的功德。因而，杂器也就不能说是下贱的了，或许本来就有缺乏独创而流于应时的鄙俗之风的器物。于是民艺的界限，不能光说是民众性的，还必须考虑匠人贫弱的社会地位和经济地位。

如前所述，匠人不同于依靠自己力量的作家，当然不具备充分的美之修养，环境也不允许他们具备。而且，民艺的作者也没有受到富者的庇护，匠人的多数是贫穷的，往往没有经济保障，这一切使得他们的社会地位低下。这也是许多匠人不甘忍受的命运。然而，若是他们制作了优秀的作品，也不是依靠自身力量，而是借助外力来完成的。光靠自己的力量去开拓新的世界是不可能的，这可以说是由环境决定的，环境足以左右他们作品的风格。

可以这样理解：他们所做的器物，无论正确与否，都是在外部力量的作用下进行的。而他们在制作时并未意识到这一点，即使是在错误地制作时也没有充分地意识到。在许多场合，他们制作了自己无法识别的好的器物，还制作了自己无法识别的丑的器物，这也是事实。[1]

但不管是好的器物或是丑的器物，有一点可以肯定，即器物给予人们生活的便利。民间器物之所以大量存在于民众的生活之中，并且延续几十、几百乃至几千年，其原因不能单以形制的美丑来决定。况且，人类对于美丑的界定，并不是像解数学题那样给出数据就可以下结论这么简单，器物的实用之美、技艺之美足可显现工匠之巧。众所周知，手是由大脑控制的，就如约翰·内皮尔《手》中所说："一只生动的手是一个生动大脑的产物，当大脑一片空白时，手是静止的。"工匠之手制作出形形色色的器

---

[1] 柳宗悦. 民艺论[M]. 南昌：江西人民出版社，2000.

物，可以断定，其脑中必定潜藏着"大智慧"，是"生动"的大脑。不能因为其地位底下、收入不高而否定其智慧，更不能因为今日匠人生活的艰难而得出其逐渐消亡的结论。工匠在手工劳作中所表现出来的智慧有以下几点：

1. 实现器物功能的智慧

任何一种新型器物，其发明、创造的初衷和目的，都是为了实用的需要。尽管新器物在其创造初期难免粗糙、不成熟，但其中蕴含的新的"功能之美"却足以令人在生理和心理上感到快乐和满足。这种感受建立在其提供便利的功能基础上。普列汉诺夫在研究原始民族生活的时候提出了一个重要的结论："人最初是从功利观点来观察事物现象，只是后来才站到审美的观点上来看待它们。"[①]也就是说人类制作器物首先要满足功能需要，之后才考虑器物的审美艺术性。

工匠是器物的制作者，长久以来，器物并非一成不变，一代代工匠在摸索中，以适用、实用为宗旨，不断改进器物的造型，即使之变成更具有便利性的器物。这样的改进均产生于工匠的手中，来源于工匠的智慧。

2. 巧用材料的智慧

材料是工匠制作器物的物质基础，"根据器物用途的差异，采用的材料也会不同。适宜的材料，使器物在最初构思时，即已经初具雏形了"[②]。土地生产出材料，材料是器物实用功能得以实现的基础，毛竹与松木绝不会制作出同样的器物，不同的目的决定了各自不同的材料。对于材料的选取，主要来自工匠对材料的认识。

工匠制作器物通常就地取材选料，在竹资源丰富的地区，首选材料便是竹子。几千年来，工匠在不断的实践和传承中不仅掌

① 转引自：中国器物艺术论[M].见：普列汉诺夫.论艺术.北京：生活·读书·新知三联书店，1973：93.
② 柳宗悦. 工艺文化[M]. 桂林：广西师范大学出版社，2006：91.

握了材料的特性，而且逐渐深化对材料特性的认识，提高了利用材料特性制作器物的能力。比如，利用竹竿中空能浮水的特性，制作成竹筏；利用竹材表面细密光滑、竹节多、受力大的特性，制作成竹家具；利用竹竿中空来引水灌溉农田；利用竹材的柔韧性，制作成扁担、竹索等；利用竹材表面凉爽、透气、散热的特性，制作成竹席、竹夫人、竹床、竹躺椅、竹椅等；利用竹子纤维坚韧、劈裂性好，将之劈成篾丝，编织成各种器物，利用竹材多样的色泽、纹理编织出不同的图案，等等。如果没有工匠巧用材料的智慧，这些都将不成立。

3. 生态智慧

许平《造物之门》中说："民具（即民间器物）研究，或者说道具①研究，归根结底是对人与物的研究，这一研究的目的，不仅是面对过去的，同时也是面对未来的。中国民具研究正在开拓一条与现代产品设计、现代生活方式设计相结合的道路，在这一点上，与道具研究的宗旨是不谋而合的。比如作为中国民具研究内容之一的'民具传统与资源观念、生态观念研究'、'民间生活中的废弃物传统与民具关系研究'等已列入作为硕士学位课程的研究生课题。"②中国传统民间生活器具资源中蕴藏着大量的"生态"素材，如民间大量使用的风箱，并不需要额外的能源和资源，却能有效提高燃烧的效率，这正是工匠"生态智慧"的体现，是体现民间器物与资源、环境及生态关系的生动例子。现实生活中类似的例子可以说是数不胜数。事实上，"物尽其用"、"备物致用"等生态观念贯穿在中华民族几千年来的造物传统之中。

从竹的利用来看，几千年来，关于如何更好地利用竹子，人们可谓深思熟虑。毛竹全身都是宝，无论是对竹枝、竹叶、竹笋

---

① 这是日本对民间器物的称呼，又译作"器具"、"用具"、"什具"、"物具"等。

② 许平.造物之门——艺术设计与文化研究文集[C].西安：陕西人民美术出版社，1998.

还是竹根，甚至是对竹利用过程中产生的废物，民间工匠都有富含"生态"理念的处理方法。现代设计艺术中，生态设计讲究产品从"摇篮"到"坟墓"的生命周期的设计方法，在竹的利用中就有很好的体现。这种方法不是一蹴而就的，而是工匠们在经验积累、认识深化和实际应用中摸索、总结出来，是工匠生态智慧的结晶。

（四）民间竹文化：以民间竹器物为主要载体的文化

"文化学研究表明，文化载体不仅决定着这种文化的存在方式，而且决定了这种文化的传播形式和途径。"①人类有多种文化，每种文化既有不同于他种文化的载体，也有不同于他种文化的传播及继承方式。就狭义文化而言，它多以纸张、光电等物质材料为载体，依靠文字、图像等手段来记录和传播。而民俗作为一种与生活紧密结合的原生态文化，只能以人类自身、人类所创造的各种有形物质以及创造这些物质的行为和意识作为载体。从人类自身来讲，任何人都不可避免地生活在一定的民俗氛围之中。这就是说，人本身就带有民俗文化的成分，人的生活是民俗文化长期熏陶和培育的结果。人类自身既是其所置身的民俗文化

① 叶涛，吴存浩. 民俗学导论[M]. 济南：山东教育出版社，2002：120.

长期塑造的产物，是民俗的实行者，同时也是民俗的传播者、继承者和延续者，甚至还是民俗事象（包括民俗活动和民俗现象，物质的和精神的，有形的和无形的）的创造者。从造物及造物的行为和意识来讲，"民俗之物"作为民俗的载体材料是显而易见的。这是因为，人类社会中的民俗事象实际上是特殊的符号，它以民俗符号来表达和传递民俗的内涵，民俗符号是附着在各种民俗载体（包括有形的和无形的）上来表达和反映民俗事象的含义。民俗载体多种多样，从有形之物来讲，有画在纸上或其他材料上面的平面形式，也有应用于生活或生产的器物形式，甚至还有些是特制的民俗之物等等。从本课题的研究内容来看，主要是以应用于生活或生产中的器物作为民俗之物来开展研究的，但这种单一类型的民俗之物，很难也不可能形成对区域民俗文化的整体观察，因此，只能是比较散乱的，也只有在提及或介绍某一器物时，附带地介绍一下与该器物相关的民俗事象。虽然如此，大的整体性的框架还是存在的，比如，生活中的各类民俗、农业生产中的民俗、渔猎中的民俗、宗教祭祀中的民俗等。

总的来讲，可以说民俗文化的形成和发展，器物作为民俗文化物质形态扮演了非常重要的角色。在中国，作为现代民俗学研究领域之一的民间器物研究，早在东汉时期的著作《风俗通义》就有了"百里不同风，千里不同俗"的说法，在这其后，记述各个时期生活器物习俗的著述虽然篇幅一般较短，但也陆续不断；进入近代，清末学者黄遵宪已经明确将器物研究列入了民风民俗研究的总体之中；1912年商务印书馆出版的张亮采《中国风俗史》中，详细列出了作为民俗资料研究的几十个领域，其中就包括了大量的关系到器具民俗研究的课题；我国现代民俗学研究发轫于20世纪初的新文化运动之际，当时中国新文化运动的一批代表人物如蔡元培、鲁迅、刘半农、沈尹默、顾颉刚、周作人等人都曾积极地为民俗研究的兴起做出重要贡献。在民俗学研究热潮中，民间生活器具的收集与研究同时成为重要的工作主题。1923

年，在北京成立的民俗学组织"风俗调查会"所拟定的调查提纲
中，第三项就明确规定为"器物：关于风俗之各种服、饰、器用
及其模型、图画、照片等类"，调查项目包括衣、食、住、礼、
修饰、玩具、杂技等内容；1925年12月北京大学开学二十七周年
纪念活动中，正式对外开放了风俗学会陈列馆，其中展出各种
实用器具与儿童玩具等；1926年，顾颉刚等一批文化名人南迁，
再次在福建厦门大学发起建立"风俗物品陈列室"；并随后成立
"民俗学会"，在《民俗学会简章》中再次呼吁收集有关生活风
俗的各种物品；当时，颇有名望的民俗学专家杨成志先生亲自深
入云南彝族地区收购民族民俗物品，使陈列室内的收藏品一时间
非常丰富，文献记载：当时收藏品中包括"首饰、衣服鞋帽、音
乐、应用器具、工用器具、小孩器具、赌具、神的用具、死人的
用具、科举遗物、官绅遗物、迷信品物、民间唱本及西南民族文
化物十四类，陈列品凡数万余件"①。可见我国的民间器物之民
俗研究还是较早的。

许平在日本道具学会首届年会暨首届理论研讨会上所做的
"中国的'造物文化'研究"的发言，后又整理成文章发表于其
专著《造物之门》当中，从文章内容看，许平所构建的中国"造
物学研究"的三角形框架（见图0-1），是非常贴切的。该构架
以器物（道具）为中心形成了道、器、信的三个研究方向，并且

① 王文宝. 中国民俗学发展史[M]. 大连：辽宁大学出版社，1987.

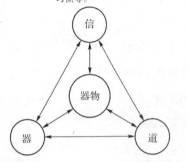

文化论 (理想点)
人类学、民族学研究：
传说、神话、祭祀、
习惯等。

存在论 (现实点)
艺术学、设计学研究：
艺术、尺寸、资源、
材料、环境、功能、
实物的调查分析等。

价值论 (理性点)
伦理学、社会学研究：
意味、利益、文明、
价值观、创造性、
审美性等。

图0-1

分别给出了这三者的具体内容。

"器"的研究，是关于人造物品（道具）及工具的工艺学、设计学研究，其中包括对于器物的形制、功能、历史与环境的相互关系等方面的研究；从方法论的角度来说，是关于"物"的存在论的研究；也是对于造物文化的"现实点"的研究，即从重新认识的角度来确定其"本来如此"的研究。

"道"的研究，是关于人造物品（道具）及工具的伦理学、社会学研究，其中包括对于造物的意义系统、利益的评价系统、文明价值的认可、创造性的认可、审美特性的认可等一系列课题；是关于"物"的价值论的研究，也是对于造物文化的"理性点"，即从科学阐释的角度来认定其"应当如此"的研究。

"信"的研究，是关于人造物品（道具）及工具的人类学、民族学研究，其中包括对于造物的传说、神话、祭祀、禁忌、习惯等一系列课题，或者说就是对于"造物之神"的研究；是关于"物"的文化论、发生论的研究，也是对于造物文化的"理想点"，即从人文认识的角度来发现其"不仅如此"的研究。

从上述三者的关系及研究内容上来看，关于"道"与"器"的概念，即"形而上者谓之道，形而下者谓之器"，应该说是中国造物文化普遍存在的关系学说。但作为民间器物的研究，除了研究"器"和器中存在之"道"外，还必须介入"信"的研究内容，也即研究围绕着器物所产生的民俗文化或者器物作为民俗文化的载体。

总之，研究竹器物文化，一方面需要我们研究民间竹器物本身所存在的"道"和"器"的研究，另一方面还要研究民间竹器物作为民俗之物的"信"的研究，而这三者则共同构成了竹器物整体的文化内涵和特征。

四、几点说明

1. 本课题从2001年开始，经历了近八年的田野考查和资料收集，其中有一部分来自当时的考察报告，有一部分来自笔者的硕士论文，因此各章节的行文风格略有不同。

2. 浙江民间竹器物种类繁多，笔者历时八年，拍摄了300余个品种的竹器物近5000张图片，收集了大量的相关资料，仍难免遗漏。而且由于一部分传统竹器物已经被淘汰，不容易找到原型，因此有少部分图片是从网上下载的，在这里谨对其拍摄者表示感谢。书中的图片绝大部分是作者本人或委托朋友、学生等拍摄，由于篇幅有限，筛选了其中较少见的竹器物的图片。

3. 本书第三章到第六章介绍的竹器物，其中有些是全国通用的，有些是浙江特有的。对于前者，结合研究主题，描述器物使用情况及引证材料时均尽可能体现浙江区域特色。此外，尽管有大量竹器物作为民俗物承载了民俗文化，但因其类型单一，无法形成对区域民俗文化的整体观察，所以对于与之相关的民俗事象只作附带介绍。

4. 本书主要考察了象山县（浙东沿海）、龙游县（浙西竹库）、缙云县、安吉县（竹子之乡）和嵊州市等区域，涉及分布在上述各县（市、区）的13个行政村。另外，还参观访问了南京林业大学、杭州国家林业局竹子开发研究中心等。可以说，本研究是建立在详细的实地考察和全面的资料检索、收集基础上的。为了调查畲族人民使用竹器物的情况，本来还要考察景宁县（畲族集聚地），但这一内容在考察龙游县沐尘畲族乡时已涉及，所以最终放弃了这一计划。表0-1是作者和项目组部分成员考察的情况汇总。

表0-1 2001—2009年项目组成员实地考察、资料收集概况

序号	时间	地点	主要内容
1	2001.7~8	象山县西周镇上谢村	考察上谢村竹器物的使用，采访篾匠金亚林等
2	2001.10	嵊县竹编工艺品厂	考察嵊县竹编工艺品厂
3	2002.8	象山县西周镇西八村	考察阿林精艺竹雕作坊，采访朱至林
4	2002.10	南京林业大学	考察南京林业大学竹子研究所
5	2005.7	象山县丹城镇，象山县西周镇乌沙村	考察周秉益竹根雕作坊，采访周秉益先生；考察郑宝根竹根雕作坊，采访郑宝根先生；考察西周镇乌沙村竹器物的使用
6	2006.7	缙云县新建镇河阳村，七里乡邢弄村，东渡镇阳弄村	考察缙云县新建镇河阳村、七里乡邢弄村、东渡镇阳弄村竹器物的使用
7	2007.3	杭州国家林业局竹子研究开发中心	与吴良如处长讨论研究的具体部署和计划
8	2007.8	象山县西周镇下沈乡杰峁村	考察杰峁村竹器物的使用，采访竹工匠赖安福等
9	2008.8	龙游县溪口镇，龙游县沐尘畲族乡，龙游县庙下乡	考察龙游县溪口镇竹器物的使用，采访篾匠卢小华；考察龙游县沐尘乡木城村竹器物的使用，采访篾匠黄雨平、陆寿全及乡政府工作人员武幸夫等；考察龙游县庙下乡庙下村竹器物的使用
10	2008.8	安吉县天荒坪镇	考察安吉县天荒坪镇银坑村竹器物的使用
11	2009.5	龙游县沐尘畲族乡	和乡政府工作人员武幸夫讨论书稿内容
12	2009.8	安吉县竹博园	考察安吉县竹博园

第一章　浙江竹器物发展的自然环境与社会环境

一定的生活和文化形态与一定区域的地理生态条件和人文历史是分不开的，它是在特定的地理环境和社会发展中逐渐形成的。要了解浙江民间竹器物的生活与文化形态，首先就要了解浙江的自然环境和社会环境，而自然环境是社会环境形成的物质基础。

浙江的自然环境是比较复杂的，一是境内层峦叠嶂，山区广大，如天目山、会稽山、四明山、天台山、大盘山、括苍山、仙霞岭、洞宫山、雁荡山等，山地占据了大半个省份，森林覆盖率高，竹林资源丰富；二是境内湖泊众多，水域广阔，东临一望无际的太平洋，岛屿星罗棋布。由于自然环境复杂，不管是在刀耕火种的原始社会，还是在自给自足的封建社会，浙江省内人们的生活被山林、湖泊和海域分割出了不同的形态，呈现出多样化的特点。

第一节　浙江民间竹器物发展的自然环境

我国竹林资源丰富，产量较高，竹子的种类很多，据统计，我国竹类有39属509种[①]，其中经济价值最大的毛竹，种植面积占竹林面积的80%左右。

一、竹林资源丰富

浙江省地处亚热带常绿阔叶林带，竹类资源比较丰富，有19属、99种、14变种、13变型，如加上引进竹类5属、59种、8变

---

① 中国科学院中国植物志编辑委员会. 中国植物志：第九卷第一分册[M]. 北京：科学出版社，1996.

种、13变型，共计24属、158种、22变种、26变型^①，其中主要竹种是毛竹。浙江省是中国竹资源的重要分布区域，2005年的森林资源清查结果显示：

浙江省的竹林面积约78.29万公顷（1175万亩），占全国的1/7，其中，毛竹林65.35万公顷（980万亩），占83.47%；杂竹林12.94万公顷（195万亩），占16.53%。毛竹总株数166089万株，其中，成片林分毛竹152682万株，散生毛竹13407万株。每公顷立竹量2336株，当年生新竹占12.3%。毛竹面积和株数均位于全国前茅，竹业产值约占全国的1/3，其中由竹制作的竹制品在全国占有重要地位。^②

二、竹林资源分布广泛

浙江的竹林资源分布十分广泛。"全省90个行政县（市、区）中，85个县（市、区）有竹林分布"^③，几乎每个县（市、区）都有竹林分布或栽培。竹林面积在1.33万公顷（20万亩）以上的有15个县（市、区），2万公顷（30万亩）以上的有11个县（市、区），分别为：安吉县、临安市、龙泉市、富阳市、衢江区、余杭区、诸暨市、龙游县、德清县、庆元县和遂昌县。安吉县的竹林面积最大，达6.67万公顷（100万亩），占全省近1/10，最主要的竹种是毛竹，面积达5.07万公顷（85.5万亩）。其次是临安市，竹林面积5.8万公顷（87万亩），以雷竹为主，面积达3.53万公顷（53万亩）。

---

① 方伟. 浙江省竹种名录初报[J]. 浙江林学院学报，1986（2）：25—36.
② 浙江省人民政府网，http://www.zhejiang.gov.cn.
③ 汪奎宏，高小辉. 竹类资源利用现状及深度开发[J]. 竹子研究汇刊，2000（4）：72—75.

三、竹林生态多样

结合浙江的自然地理特征，参照方伟竹林自然区划的概念[①]
和楼崇、祝国民关于浙江省竹林生态区划的方法[②]，在此将浙江
省分为六个竹林生态区及四个亚区（图1-1）：

Ⅰ 浙东北低山丘陵平原竹林生态区

　　Ⅰ$_a$ 平原竹林生态亚区

　　Ⅰ$_b$ 低山丘陵竹林生态亚区

Ⅱ浙西北山地竹林生态区

Ⅲ浙中低山丘陵盆地竹林生态区

Ⅳ浙西南低山盆地竹林生态区

Ⅴ 浙东南沿海低山丘陵平原竹林生态区

　　Ⅴ$_a$ 平原竹林生态亚区

　　Ⅴ$_b$ 低山丘陵竹林生态亚区

Ⅵ 浙东沿海半岛岛屿竹林生态区

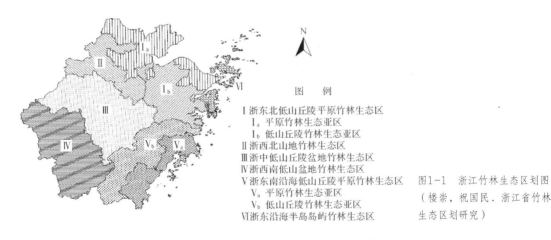

图　例

Ⅰ浙东北低山丘陵平原竹林生态区
　Ⅰ$_a$ 平原竹林生态亚区
　Ⅰ$_b$ 低山丘陵竹林生态亚区
Ⅱ浙西北山地竹林生态区
Ⅲ浙中低山丘陵盆地竹林生态区
Ⅳ浙西南低山盆地竹林生态区
Ⅴ浙东南沿海低山丘陵平原竹林生态区
　Ⅴ$_a$ 平原竹林生态亚区
　Ⅴ$_b$ 低山丘陵竹林生态亚区
Ⅵ浙东沿海半岛岛屿竹林生态区

图1-1　浙江竹林生态区划图
（楼崇，祝国民．浙江省竹林
生态区划研究）

各竹林生态区所包括的市、县见表1-1。六个生态区均以毛
竹为主要竹种，除Ⅱ区毛竹林占区内竹林面积比例为64.4％外，
其余各区毛竹林占区内竹林面积比例均在80％以上。笋用竹林占

---

① 方伟. 浙江省竹林自然区划[J]. 竹子研究汇刊，1991（1）：1—10.
② 楼崇，祝国民. 浙江省竹林生态区划研究[J]. 浙江林学院学报，2007
（6）：741—746.

区内竹林面积12%以上的有Ⅰ、Ⅱ、Ⅴ区，代表竹种分别为早竹、雷竹和绿竹。

表1-1 浙江六个竹林生态区所属市、县

区		数量	所属市县
Ⅰ	Ⅰ$_a$	12	杭州、宁波、慈溪、嘉兴、平湖、海宁、桐乡、嘉善、海盐、湖州、绍兴市、长兴
	Ⅰ$_b$	9	余姚、奉化、上虞、嵊州、绍兴县、新昌、宁海、三门、天台
Ⅱ		5	富阳、临安、德清、安吉、诸暨
Ⅲ		13	建德、桐庐、淳安、金华、兰溪、东阳、义乌、永康、武义、浦江、磐安、丽水、缙云
Ⅳ		11	衢州、江山、常山、开化、龙游、龙泉、云和、庆元、遂昌、松阳、景宁
Ⅴ	Ⅴ$_a$	7	温州、瑞安、乐清、平阳、苍南、台州、温岭
	Ⅴ$_b$	6	永嘉、文成、泰顺、临海、仙居、青田
Ⅵ		6	象山、洞头、舟山、岱山、嵊泗、玉环

四、适合竹类生长的自然、地理条件

浙江毛竹资源之丰富，与当地适宜毛竹生长的气候、土壤条件和多山的自然环境是分不开的。气候、土壤、地形的不同和竹种本身种属特性的差异，使得浙江的竹林分布具有明显的区域性。

1. 适宜的气候条件。竹子生长受水分、温度等气候条件的限制，年平均气温在12—22℃，1月份平均温度在-2—10℃以上，极端低温为-20—2℃，年平均降雨量在500—2000毫米，年平均湿度在65%～80%，是适宜竹子生长的气候条件。

浙江位于我国东部沿海，属典型的亚热带季风气候区。温度在15℃以上的日子每年不少于200天，1月平均气温在2—8℃，7月平均气温为27—30℃，年平均气温在15—18℃，极端高温33—43℃，极端低温-17.4—-2.2℃；光照较多，年平均日照时数为

1710—2100小时；雨量丰沛，平均降雨量在980—2000毫米；空气湿润，雨热随季节变化同步。这样的气候条件，非常适合喜温喜湿润的竹类植物生长。

2. 多山的地理环境。山丘是竹子生长的基本自然环境，大部分竹类在海拔50—800米、坡度平缓的地带生长发育。

浙江地处中国东南沿海，地貌复杂，有山地、丘陵、谷地、平原等多种类型，其总体地势表现为西南高，东北低。西南部山地高峻，谷地幽深，主要山峰海拔都在千米以上；中部丘陵、盆地交错，海拔在100—500米；东北部则是堆积平原，海拔在10米以下，地势低平，河网密布。

浙江的山脉自北向南，主要分为近平行的三支，即北支天目山脉、中支仙霞岭山脉、南支洞宫山脉。

天目山脉长约200千米，宽约60千米，千米以上山峰10余座，主峰龙王山海拔1587米。其东北有莫干山，海拔719米；西南为白际山，平均海拔800米，主峰清凉峰海拔1787米。白际山东南侧有千里岗山，由赣东北延伸入境，向东北与龙门山交错，主峰磨心尖海拔1522米。龙门山位于富春江和浦阳江之间，长约90千米，主峰大头湾山海拔1246米。

仙霞岭山脉从闽赣交界的武夷山延伸入境，山势险峻，有不少海拔在1500米以上的山峰，其中以遂昌的九龙山为最高，海拔1724米。仙霞岭山脉向北东延伸，分为会稽山、大盘山、四明山和天台山。会稽山在绍兴南部，长约79千米，主峰鹅鼻山海拔700米，最高峰东白山海拔1195米。大盘山在仙居和磐安两县之间，长约50千米，主峰盘山尖海拔1246米，其余海拔500—1000米。四明山在余姚市南部，长约50千米，主峰四明山海拔1012米。天台山分布在天台和奉化两县，长约90千米，主峰华顶山海拔1094米。

洞宫山脉在丽水之南，由福建寿宁县延伸至本省，长约80千米，主峰百山祖，海拔1857米。括苍山脉在丽水与临海之间，长约100千米，主峰括苍山，海拔1382米。雁荡山在浙江东南部，长约159千米，宽20—30千米，斜贯乐清、青田、平阳、苍南、泰顺，以瓯江为界，瓯江以南，称南雁荡山，高峰1237米；瓯江以北称北雁荡山，高峰1057米。

3. 理想的地质构成。竹子根系密集，竹竿生长快速，因此，它既要有良好的水湿条件，又不耐积水，对土壤的要求较高。适合竹子生长的土壤需满足以下条件：①土层深度一般在50厘米以上，富含矿物质营养；②有良好的孔隙性、透气性、持水能力和吸收能力；③酸性，pH值在4.5—7.0；④地下水位1米以上为宜。

浙江境内地质构造复杂，平原河谷多冲击洪积层，山脉以火山岩为主，各种母岩风化形成的土壤大部分呈酸性，土壤中有机质含量较高，土质较肥沃，土层也较深厚，为竹类的生长提供了优越的地质条件。

第二节 样本村落及所在区域概况

按照浙江省竹林生态区划，笔者点重考察Ⅰ区的宁波地区，Ⅱ区的安吉县，Ⅲ区的缙云县，Ⅳ区的龙游县和Ⅵ区的象山县。上述地区既有平原竹林，又有低山丘陵竹林；既有浙西北山地竹林，又有浙中、浙西南低山丘陵盆地竹林；既有浙东沿海地带，又有少数民族畲族的集聚区，基本涵盖了浙江竹器物利用的各种特点。

一、龙游县竹环境

龙游县地处浙江省西部，县域总面积1143平方千米，人口40.4万。龙游是传统农业大县，山地资源丰富，森林覆盖率达56.8%，境内毛竹资源丰富（图1-2），有竹林面积近37.1万

图1-2 龙游县竹海
（武辛夫摄）

亩，占林地面积的41.1%，毛竹立竹量6000多万株，享有"浙西竹库"的美誉。[1]"年产竹1000万株，年产竹笋2.5万吨，2006年竹产业总产值为15.5亿元，出口创汇2950万美元。其中第一产业2.28亿元，第二产业12.20亿元，第三产业1.02亿元。竹业产值占全县工农业总产值的15.6%，占全县林业总产值的89.7%。"[2]2006年10月22日，在第五届中国竹文化节上龙游县被命名为"中国竹子之乡"，在同时获得该称号的30个县（市、区）中名列第六。

"全县从事竹林培育与笋竹加工业的人员有6.8万人，从竹业中直接受益的农户56840户，占全县总农户的48.9%。竹区农民人均收入5120元，其中80%的收入来源于竹产业。可以说，竹产业已经成为龙游县区域经济中的支柱产业，竹业收入是竹区农村家庭经济的主要来源。"[3]

根据龙游县近期的发展目标：至"十一五"期末，全县竹林面积达到42万亩，竹产业总值将达到26.3亿元。按照"十一五"规划目标要求，今后一个时期的主要工作措施是：提升第一产业，推进竹林资源总量的扩张和质量的提升。对新造竹林继续给予扶持，鼓励各类经济主体和个人种植毛竹。进一步加大科技兴竹的力度，扩大丰产林的面积，全面提高竹林的产量和质量。据了解，龙游县境内竹子的种类有9属41种，主要以毛竹、红竹、雷竹、金竹，高节竹为主。长期以来，龙游县与科研院所合作，先后完成了国家林业星火计划"十万笋竹两用毛竹丰产林建设工程"等项目，并制定了我国笋竹两用毛竹林第一个省级地方标准《笋竹两用毛竹林》，其中"竹林丰产及综合利用技术开发"获得1995年度国家林业部科技进步一等奖，全县竹林资源实现量的

---

[1]　龙游县政府网，http://www.longyou.gov.cn.

[2]　耿国彪. 塑中国竹乡品牌，促龙游经济腾飞——访龙游县人民政府县长连小敏[J]. 绿色中国，2006（20）：12.

[3]　耿国彪. 塑中国竹乡品牌，促龙游经济腾飞——访龙游县人民政府县长连小敏[J]. 绿色中国，2006（20）：13.

扩张和质的提高。主攻第二产业，全力打造中国笋竹加工基地。制定扶持政策，鼓励竹加工企业增加技改投入，开展技术创新，创建品牌。同时加大竹产业招商引资力度，促进竹加工业集聚发展。发展第三产业，提升竹林生态旅游的品位。重点抓好"浙西大竹海森林公园"生态旅游开发，在科学规划的基础上，开放市场，引入资本，开发竹区景观项目，并着力发展和提升竹区"农家乐"等生态旅游品位。[①]

龙游县竹资源主要集中在东南部的溪口镇、沐尘畲族乡、庙下乡、大街乡、罗家乡、社阳乡等地（图1-3），西北部则较少。由于竹是龙游县农村经济的主要收入来源，为此该县政府在省政府的积极支持下，正在实行"南竹北调"的措施。

庙下乡概况

龙游县庙下乡地处龙游南部山区，南靠遂昌，西连衢江，距龙游县城22千米，是浙江大竹海国家森林公园主景区，境内竹海漫漫，重峦叠嶂，山清水秀（图1-4）。全乡共有17个行政村，163个自然村，现有人口13140余人，山林总面积8.7万亩，其中竹林面积7.01万亩，总立竹量有1100多万株，居浙西首位，浙江省排第二位，年采伐量170余万株，亩年度可产春冬笋11500吨，竹制品主要有水煮笋、竹胶板、竹拉丝、竹凉席、竹鸟笼、茶杯工艺品、棒冰棒等，笋竹产业年产值可达1.6亿元。1998年被省农办命名为"竹制品专业之乡"，1999年被省林业厅命名为"浙江省毛竹之乡"。

庙下乡是龙游县第一竹大乡，该乡竹林以毛竹为主，所占比重在95％以上。20世纪90年代初出现毛竹加工业萌芽，且很快有燎原之势。现在从庙下乡北端的遂乐村到南端的毛连里、浙源里村10多千米公路两旁的10余个村，到处呈现毛竹加工繁忙景

---

① 周中民. 依托资源优势，打响竹乡品牌[J]. 绿色中国，2006（20）：14—15.（注：作者为龙游县县委副书记，县竹产业领导小组组长）

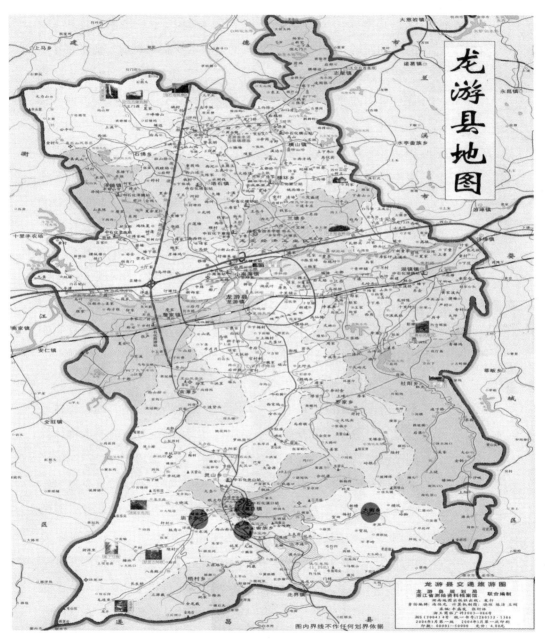

图1-3　龙游县地图（图中的圆圈是笔者考察的区域）

图1-4　庙下乡竹海

象，晾晒在公路边、家家户户门前屋后的竹拉丝等产品已形成一道独特的风景线。据统计，全乡竹制品加工厂、农户已达1540余家，其中具有一定规模的加工厂就有240多家。随着毛竹加工业的蓬勃发展，使得庙下村现有的毛竹资源捉襟见肘。全乡每年加工原竹在1000万支以上，而本乡毛竹采伐量尚不足300万支。现在乡里用的原竹有三分之二是从金华、武义、遂昌以及江西、福建等地运来的。毛竹加工业使原竹价格升值，10多年前一担（一担为100斤）原竹是10元，现在是35—36元。全乡约有5000人从事毛竹加工业，占劳动力总数的一半多，湖南、贵州、江西等地民工也纷纷在庙下乡毛竹加工户打工。2006年农民人均收入5300多元，其中仅竹制品加工收入就占了3000元左右。庙下乡所辖最大村庄庙下村现有农户420户，共计1150人，拥有毛竹林3300多亩，人均拥有毛竹林约3亩。庙下乡溪东村仅有340个人口，却涌现出32个毛竹初加工大户，拥有从业人员310余人，年加工产值4600万元，竹农从中获得工资和利润510万元。据此，全县3600多户毛竹初加工大户累计实现增收5500多万元。①

据调查，庙下乡毛竹第一产业发展大致经历了三个阶段。第一阶段，20世纪70年代，大面积实施低产林改造，通过竹林地垦复、林分结构调整等技术措施的实施，近1万公顷的毛竹林得到了改造，竹材、竹笋产量大幅提高。第二阶段，20世纪80年代末至90年代末，以中国林科院亚热带林业研究所为技术支撑，实施以林分结构调控和林地土壤管理为核心的规模化毛竹、笋竹两用林开发，使全乡竹林栽培水平得到根本性提高，也可以说由此奠定该乡毛竹经营水平的全国领先地位。第三阶段，20世纪90年代末至今，以可持续经营为主题，实行竹林分类经营、定向培育，生产无公害竹林产品，全面提升竹林经营水平。在县政府优惠政策扶持和市场旺盛需求的双重拉动下，毛竹原材料在市场上供不应求，从1999—2006年，毛竹原竹价格由15元/担上升至

---

① 衢州市人民政府网站，http://www.qz.gov.cn/long/.

36元/担，竹农生产积极性空前高涨，全乡95％以上的山林种上了毛竹，毛竹第一产业得到很好的发展，竹林年均亩产值超500元，这成为当地林农的主要收入来源。

为进一步提高竹业经济效益，庙下乡政府十分重视竹加工业的发展。近年来，围绕竹加工业"扩总量、扶龙头、深加工、拓市场、创品牌"的要求，加快竹子综合开发利用，产、加、销一条龙，农、工、贸一体化的笋竹产业链已越拉越长。全乡有以浙江恒昌笋竹制品有限公司为龙头的竹板材、水煮笋加工企业（市级林业龙头企业），有以生产竹丝为主的家庭作坊式小厂300多家，据统计，全乡2006年毛竹第二产业产值1.2亿元，已成为浙西最大的毛竹初级加工基地，主要产品如竹板材、水煮笋罐头、竹丝等，在国内具有较高的市场占有率。

溪口镇概况

溪口镇位于龙游县城以南23千米，历史悠久，自然环境得天独厚，是龙游南部山区经济、文化中心。溪口镇交通便捷，区域优势明显，是浙西地区及闽、皖、赣等邻近诸省通行浙东南地区的咽喉之处，是有几百年历史的商埠，浙西南山区的竹木材及制品经溪口集散（图1-5）。2005年末进行了区划调整，原来的灵山乡与原溪口镇合并为新溪口镇，镇政府驻地为原溪口镇政府驻地。下辖25个行政村和1个居委会，人口25000人。

溪口镇资源丰富，因其独特的地理环境，构成农产品的集散地。一年中春笋、冬笋、茶叶、板栗市场十分红火，远近闻名。尤以盛产毛竹为著，被誉为"浙西竹乡明珠"。全镇初步形成竹胶板、水煮笋罐头、竹木工艺品、系列竹餐具、竹席、竹炭等产业。70余家竹木加工企业分布全镇，由政府出资出地建立的溪口笋竹木工业园区是县级特色工业园区，享受政府的优惠政策。总规划面积2000亩，首期开发500亩，适合有一定加工能力、技术含量和产品附加值较高的笋竹木加工企业落户园区，竹胶板生产

图1-5　溪口镇

企业腾龙竹业有限公司和中外合资企业晶图竹木有限公司坐落在镇工业园区内。

另据统计，随着竹木加工园区产业集聚效应的显现，溪口笋竹企业发展到98家，2006年1—7月份，全镇笋竹加工企业实现产值1.68亿元，比2005年同期增长24.8%。

沐尘乡概况

沐尘畲族乡位于龙游县南部，东北与大街乡、溪口镇接壤，西与庙下乡相邻，南与遂昌县交界，总面积82.83平方千米，全乡有耕地面积10593亩。林地面积86271亩，其中竹山面积59086亩，总户数3662户，总人口11758人，其中畲族人口3520人。劳动力7054人，人均收入5625元。全乡下辖木城、贤江、双溪、社里、康源、庆丰、梧村、双戴、马戍口、坑头10个行政村，其中木城、双溪、社里三个村为民族村，全乡10个村全部属于低收入农户集中村，全乡有低收入农户1452户，其中五保户16户，低保户211户，绝对贫困户120户，低收入贫困户1105户。[①]

沐尘乡内笋竹资源丰富，毛竹立竹量在1500万株以上，年产各类竹笋1.6万吨，原竹180万余株。工业以笋竹制品加工为主，农业以水稻种植为主，辅以茶叶、板栗、食用菌栽培等。2007年，全乡有竹产品加工企业31家，从事竹凉席、竹鸟笼、竹地板、竹工艺品等加工户2007年年底达到1500多户，实现竹制品工业产值达1.5亿元，农民人均纯收入达5200元。

沐尘畲族乡是山区革命老区乡，浙西唯一的少数民族乡，是龙游县畲族人口主要居住地（图1-6）。畲族人口大多于清康熙年间从福建、广东、丽水一带迁居沐尘，生息繁衍至今，其生产、岁时、信仰等风俗虽与汉族相近，但仍保留着许多本民族独特的民风民俗，畲族的婚庆、山歌、貔貅舞等民族文化是畲族优秀传统文化之瑰宝。

图1-6　沐尘乡

① 该资料由畲族乡人民政府工作人员武辛夫同志于2008年提供。

二、象山县竹环境

象山县，宁波市辖县。省水产大县和"建筑之乡"。居长三角地区南缘、浙江省中部沿海、宁波市南部，北临象山港，东濒大目洋，南濒猫头洋、三门湾，呈三面环海、一路穿陆之地势，是典型的半岛县。处于北纬28°51′18″—29°39′42″，东经121°34′03″—122°17′30″。战国时为越国鄞地。唐神龙二年（706）立县，因县城西北有山"形似伏象"，故名象山（立县1300多年，县衙一直都在现今县政府所在地）。全县陆域面积1175平方千米，其中陆地面积955平方千米，海域宽阔，岛礁星罗棋布，境内多山，以低山丘陵地貌为主，山林植物多以毛竹为主。下辖10镇5乡3街道，总人口53.2万，人口密度为每平方千米453人，外来人员超过8万。中心城区建成区面积16.7平方千米，人口15.6万人。

全县竹林面积129892亩。其中毛竹林面积123288亩，占有林地面积14.38％，占竹林面积的94.92％；立竹量3237.97万株，亩均立竹量263株。杂竹面积6604亩，占竹林面积的5.08％。2007年全县毛竹株数比1997年增加91.12万株，亩均立竹量263株，明显高于全省平均数165株。[①]象山县竹林主要分布在象西地区的西周、墙头等镇乡，两镇面积占全县毛竹面积68％，毛竹立竹量在2200万株以上（图1-7）。

象山毛竹产业主要有三块内容。一是竹笋加工。全县竹笋加工企业一家，位于儒下洋黄泥桥，以加工水煮笋出口日本为主，2007年加工毛笋1150吨，成品笋216万罐，产值275万元。二是竹材加工。全县大小竹材加工厂18家，其中具有一定规模的加工企业5家，产品以竹地板、竹凉席、竹窗帘、竹窗轨为主，其他都是以个体经营，以加工橘子筐、脚手架为主，部分用途还涉及架子竹，年消耗竹材2.3万吨，产值约6400万元。三是竹根雕。全县

① 资料由象山县农林局于2007年通过调查提供，见《象山县森林资源规划设计调查成果》。

现有专业竹根雕制作企业30余家，从事竹根雕艺术创作的近400人，年创造产值近4000万元。

西周镇概况

西周镇地处浙江沿海东部，系象山半岛陆路出县之咽喉，西临宁海县，北濒象山港，与奉化市相望，沿海国道线象山连接线贯穿全境，被列为宁波市象山港西北中心镇，系象山县两大次中心镇之一，宁波市14个中心镇和浙江省小城镇综合改革试点镇之一，浙江省小城镇综合改革试点镇和宁波市15个中心城镇之一，国家级镇企业科技示范园区，2004年、2006年连续两届跻身于全国综合实力乡镇500强行列。全镇面积153平方千米，已建城区2.0平方千米，下辖51个行政村，3个居民区，2个手工业社，5.2万人口。全镇拥有16.9万亩山林面积，2万余亩淡海水养殖面积，2.8万亩耕地，森林覆盖率达75％。2007年度西周镇实现社会生产总值60亿元，财政总收入1.8亿元，农民人均收入达8000元。

整个西周镇三面环山，一面临海，层峦叠嶂，素有"八山一水一分田"之称，山中植物以毛竹为主，总面积近7万亩。昔有"象山四大人家"的歌谣，谓"东乡萧家的谷，西乡何家的竹，墙头欧家的屋，昌国俞家的福"。西乡何家即在儒雅洋，说明其毛竹之多，其中，儒雅洋与下沈的竹产量差不多占到全县毛竹的一半。目前，除毛竹直接远销外地外，镇政府加大了对毛竹的开发力度。一是在箬岭、儒雅洋、伊家山、尖岭头等村建立万亩笋竹两用林和掏笋山基地；二是重点扶持乔明竹窗轨、宁波金鹰竹业、登峰竹凉席等加工竹制品的农业龙头企业，增加毛竹的附加值。20世纪80年代兴起的竹根雕工艺，已成为象山一大特产，在国内外享有盛誉。同时，由于北临象山港，全镇海岸线绵延长达20余千米，其沿线内外的低洼田、浅海、滩涂资源十分丰富，西周镇因地制宜，开发水产养殖，现已突破20000亩，主种品种有青蟹、蛏子、梭子蟹、对虾、黄鱼等近30个养殖品种。目前，形

图1-7　象山县竹环境

成了塘外浅海养梭子蟹、塘内海水池塘养青蟹、淡水池塘养河蟹的"三蟹"当家的格局。

三、安吉县竹环境

安吉县位于浙江省西北部，是长江三角洲经济区迅速崛起的一个对外开放景区，北靠天目山，面向沪宁杭。全县辖16个乡镇（开发区），人口45万，面积1886平方千米。由汉灵帝赐名"安吉"，取自《诗经》"安且吉兮"，隶湖州，是一个"七山二水一分田"的重点林区山区县。

安吉物产丰富，山川秀美，人杰地灵，尤以"竹"而闻名天下，毛竹蓄积量和商品竹均名列全国前茅，素有"中国竹乡"之美誉。县内现有竹林面积105万亩，占全县林业用地的51%，毛竹蓄积量达1.5亿株，年产商品竹2800万株，居全国之首。近年来，安吉分别实施了15万亩竹子速丰林基地和万亩竹子良种基地工程，进一步加快了竹笋产业发展，竹产业对GDP的贡献率达到32%。并积极培育竹产业龙头企业，增强带动效应。

至2008年，安吉县竹产品加工企业已经发展到了1500余家，形成了从竹叶到竹根的竹叶黄酮、竹制品、竹雕等竹子系列产品。竹产业总值达到108亿元，安吉以占全国2%的立竹量，创造了一个占全国20%的竹产值的奇迹。目前，一个完整的竹业产业链已在安吉形成，30余万竹农经营着百万亩竹林，1500余家小型加工企业进行竹制品初加工，数百家大型龙头企业实现产品的精深加工。安吉竹业也由此实现了历史性的转折，从全国最大的商品竹输出县转为最大的输入县，每年数千万株毛竹或半成品由江西、福建、安徽等地源源不断地运进来，经深加工后再源源不断地运往国内外市场。安吉县已经成为我国竹产值最大、销售面最广，国内市场遍布所有地级以上的城市，并有大量产品长期出口日本、韩国、美国等国家和西欧等地区。2007年4月3日，由安吉县62家竹制品龙头和规模企业自愿加盟的竹产业协会成立，标志着安吉的传统产业向更加科学的发展方向又迈出了一大步。

安吉境内层峦叠嶂，山清水秀，景色宜人，秀竹连绵，是新崛起的生态旅游县。一到安吉，到处都可以看到绵延不绝的壮观竹海。"川原五十里，修竹半其间。"用这句话形容安吉的万顷竹海并不为过（图1-8）。为了宣传丰富的中国竹文化，安吉县政府在灵峰山麓建造了竹子博览园（图1-9），该园集旅游、娱乐、休闲、科研为一体，占地600余亩，各类竹种300余种，是世界上散生、混生竹种最为齐全的竹博园，有"竹类大观园"之称，园内的中国竹子博物馆收录了人类五六千年的竹文化史，被誉为"世界一流的竹种园"。另外，随着《卧虎藏龙》、《像雾像雨又像风》等影片在安吉大竹海的拍摄成功，安吉县的旅游经济得到了快速发展，至2008年安吉实现旅游收入19.07亿元，成为我国"竹海"旅游的重要地区之一。

图1-8 安吉天荒坪镇大竹海

图1-9 安吉竹博园

天荒坪镇概况

天荒坪镇位于安吉县南端，东与余杭区交界，南与临安市接壤，西连上墅乡，北接递铺镇，属西苕溪流域。亚洲第一、世界第二的天荒坪抽水蓄能电站和奥斯卡获奖影片《卧虎藏龙》中的竹景采拍地——大竹海均位于天荒坪境内。全镇面积为121平方千米，下辖11个行政村，162个村民小组，6298户农户，3个居民区，总人口2.2万。2007年，全镇工农业总产值达到19.15亿元，财政总收入达到5070万元，农民人均收入10200元。天荒坪镇是安吉县的林业大镇和竹业强镇。全镇有山林面积9.6万亩，森林覆盖率达82%以上。其中竹林面积8.6万亩，毛竹蓄积能量1.45亿枝，占全县六分之一，素有"全国毛竹看安吉、安吉毛竹看天荒坪"之称。竹产业是该镇经济开发的支柱产业，从培育、加工到销售实现一条龙服务（图1-10）。

天荒坪竹林培育水平处于全国领先地位，设有省、市、县

及国家级科研示范基地五处，全国第一个以村为单位的毛竹现代林业园区也在这里建成。另外，天荒坪的效益农业是该镇农村经济新的增长点，农副产品、土特食品因其无公害而深受都市人青睐，其中最具特色的有：高山蔬菜、名优白茶、山核桃、香榧、小笋干、冬鞭笋、香菇木耳、野菜等。白茶是珍稀茶树良种，世所罕见，其母树生长于天荒坪镇境内天目山北麓、海拔800米以上的高山之巅。"安吉白茶"在1999年、2000年连续获中国国际茶博会金奖。

天荒坪境内生态环境优美，山川秀丽，民风淳朴，是安吉生态旅游重镇，有着省级风景名胜区——天荒坪景区的独特环境优势，名胜区共有三大景区，二十多个景点，其中"电站惊世"、"中国大竹海"、"藏龙百瀑"、"龙庆园"、"荷花山"等景点颇具特色。是一处集登山避暑、度假野营和观光旅游为一体的山区型风景点名胜区。2007年接待游客达到141万人次，旅游收入达到1.2亿元。天荒坪是2009年7月22日举世闻名的日全食现象的最佳观测点，更使天荒坪成为国内外闻名的旅游景区。目前，天荒坪镇已形成社会广泛参与旅游的良好态势。

图1-10　安吉天荒坪镇银坑村

第三节　浙江民间竹器物的社会环境及其变迁

"人类生活在社会中，民艺也存在于社会环境中。"[①]社会环境是在自然环境的基础上，人类通过长期有意识的社会劳动，加工和改造了的自然物质，创造的物质生产体系，积累的物质文化等所形成的环境体系，是与自然环境相对的概念。社会环境一方面是人类精神文明和物质文明发展的标志，另一方面又随着人类文明的演进而不断地丰富和发展，所以也有人把社会环境称为文化—社会环境。

浙江省竹器物使用的社会环境主要指与竹器物相关的社会

① 潘鲁生. 民艺学论纲[M]. 北京：北京工艺美术出版社，1998：128.

政治、经济、文化等方面。特别是经济的发展及技术的进步，是促使竹器物的社会环境发生巨大改变的主要原因。目前，我们正经历着由传统工业经济向后工业经济逐渐转型的时期，传统工艺及文化正面临着极大的考验。在这个时代的交替中，社会环境必将发生翻天覆地的变化，而这种变化正悄然而至，生活水平提高了，生活观念改变了，所在的文化环境也发生了变化……当然随之而来的是各种现代的产品充斥着市场，人们不再为了温饱问题而过着"日出而作，日落而息"的自给自足的农业生活。特别是年轻的一代，他们正在寻找着另一种全新的生活、生产方式，并且已经找到了出路。只有那些上了年纪的人们，由于无法适应新的生活，而继续着老的行当，使用着从上辈所留传下来的各种器物，但那仅仅是少数一部分人而已，并且随着时间的推进，这部分人将会变得更少。

社会环境的变迁，使得传统竹器物的使用环境发生了巨大的改变。竹器物在过去所扮演的重要角色，已经发生了根本性的转变，大量的金属、塑料制成的器物代替了原先人们习以为常的竹器物，工匠后继乏人，大量的工匠转行或者加入新兴竹器物的制作当中，原先的手工作坊变成了机器加工厂，工匠也变成了工人。当然，也有一部分暂时无法代替的竹器物被保留了下来，那些竹器物甚至更广泛地被人们所使用。另外，所用竹材的量并没有减少，反而是大量的增加，竹材之于人们的意义并没有随着社会的变化而发生改变，只是生产方式和使用领域发生了改变而已。

一、龙游县竹器物的社会环境及其变迁

龙游县的东南部是浙江省竹资源最丰富的区域之一，也是地形较为复杂的区域。一走进龙游的东南部山区，可以说是层峦叠嶂，虽然山并不算高，但对人们的交通还是造成了影响，因此龙游的道路均以折线为主，折线就是山与山之间所腾出来的空间，道路两侧便是各个村落和农田，而且毛竹及其他各种散生竹还遍布在人们的房前屋后和村路旁、溪流旁。用"六山三田半水、半分道路和村庄"这句话用来形容龙游的地理结构是比较恰当的。而大部分山林均以竹林为主，放眼望去尽是毛竹的天下，大大小小的村落就像点缀其间的一簇簇花朵，显得非常和谐自然。

不难想象在这样的自然环境当中，过去的龙游是什么样的境况。

1978年8月，浙江省地质局的勘探人员曾在志棠乡煤矿开采的石灰石中发现大熊猫牙齿化石，据专家判断，这颗牙齿化石已有一万多年的历史。仅此，我们就可断定，早在遥远的远古时代，龙游大地上已有丰富的竹类资源。虽然，竹器物难以长时间保存，但在古文化遗址中出土的一些实物资料，还是向我们透露了一些关于竹文化之源的信息。1991年在龙游镇十里铺出土的一件商代硬陶敞口罐通体拍印席纹。在龙游县县城东郊东华山汉墓中也留有大量腐朽后的竹席印痕。1990年大垄口砖瓦厂出土了一件隋朝青瓷盘口壶，饼足底、弧腹、敞口，尤为引人注目的是，该壶那长长的颈部巧妙地做成竹节状，与整个器物浑然天成，再加上那青翠欲滴的釉色，可说是一件完完全全的竹文物。可见龙游县的竹器物制作历史由来已久，并且非常可能的是竹器物早在殷商时期，就已经大量渗透在当地人们的生活、生产之中。

长期以来，竹与龙游人们的生活、生产有着密不可分的关系。在龙游这样的环境中，竹不仅为龙游人民的生活提供了衣食住行用的诸多物质条件，为大家的衣食所安和居行之便做出贡献，而且在人的出生、婚嫁、丧葬等重要环节也离不开它，可谓是人们的终身伴侣。婴儿时期躺的是竹摇篮，姗姗学步时坐的是竹童车，成年时戴的是竹笠、竹冠，婚嫁时坐的是竹轿，老年时用的是竹杖，丧葬时用的是竹幡……至于竹在人民生产活动中的重要地位，就更非同小可。无论在农作、蚕桑、采伐、畜牧等农业经济活动中，还是在泥木、染织、酿造、水作、锻冶等手工业劳作中，有哪一项没有竹子的存在？就是在人们的学习和娱乐中，又何尝离得开竹子？至于在交通、水利建设中，竹子更是万万不可或缺的，就是在引神赛会、接龙求雨、打醮禳灾等风俗活动中，也少不了用竹或竹器物来做人与神之间的中介物。

由此可见，竹器物对龙游人们来讲不仅是使用功能的满足，同时还是众多民俗活动中的"道具"。这些思想和文化习俗是经历了几千年才逐步成形的，同时也是代代相传的结果。这种结果的产生，绝对不是偶然的产物，其中所包含的龙游人们对竹子和竹器物的情感，才是真正的基础。即使是现在，龙游人们还基本保持了较为原始的状态。在龙游县沐尘乡木城村考察期间，在农户家里所看到的各种竹制器物，以及在农民劳作时所用的各种竹制农具，便是最为真实的反映。

当然，随着社会的发展，龙游人们对竹器物的依赖程度发生了巨大的变化。原先用竹蒸架蒸制的龙游发糕，现在改用了铝合金的蒸架；原先用来脱粒用的竹连枷，现在改用机械脱粒机了；原先经常使用的箩筐，现在已经不常用了……而且这种变化还将继续。

虽然传统的竹制品少了，竹工匠也少了，但同时也出现了一些与竹相关的新兴产品和行业，在龙游县庙下、溪口一带，出现了大量的竹制品加工厂（图1-11），其所生产的竹制品大多是竹席、竹帘、竹筷等产品。原先的手工制作现在基本上被机械设备所代替。大量的农户劳动力投入这些产品的生产当中，有些办厂，有些进加工厂做工人，有些做这些产品的销售人员，有些以种竹、养竹为生，基本上都围绕着竹产业来养家糊口。因此在龙游，如果考不上大学，要么外出打工，要么就在竹加工厂工作，怪不得说龙游农民80％的收入均与竹有关。

在龙游东南一带，传统农林业生产的痕迹是非常明显的。就农业来讲，主要种植水稻，稻田的分布大多依据地形，以梯田

图1-11 庙下乡的竹加工工厂

居多，大片的平原较少；林业生产则以竹材初加工为主。现在的
龙游之所以成为中国竹加工的基地，一方面与龙游县丰富的竹林
资源有关；另一方面，则是龙游多山的环境所造成的交通不便相
关，由于交通的不便，使得农村乡民创造经济的手段极其缺乏，
而且竹林资源每年需要消耗才能促进新老更
替，利于竹子的培育与生长，所以，在交通
不便的情况下，当时最为基本的方法就是就
地生产加工，然后通过运输销往其他地方。
这些产品的运输，至少比原竹运输来得方便
得多，而且除了解决乡民的就业问题外，还
能产生比原竹买卖更丰厚的经济效益。另
外，由于龙游人均耕地面积相对较少，农户
的林权证中所记录的竹林面积明显比耕地面
积要多出很多（图1-12），因此在相对较少
的耕地面积环境中，农民的水稻种植基本上
属于仅够糊口的情况，主要的收入便是靠着
原竹的买卖。在和当地农民的交谈中，得知
一般家庭的原竹买卖每年能产生5000到6000
元的经济收入，好一点的可以达到一万多
元，仅靠这一点就基本可以满足最基础的生

图1-12 龙游县村民竹林情况登记表

活所需。所以，当地农民对于种竹、养竹是非常重视的，龙游县
的竹资源每年均有不同程度的增长。

另外，龙游县以竹为龙头产业的发展基础，与龙游县政府对

竹产业的支持是分不开的。为充分发挥龙游县竹资源、技术、市场的优势，进一步做大做强竹产业这一特色产业，全力打造中国笋竹加工基地，该县提出了一系列措施来加快竹产业发展。

1. 精心培育一产，推进竹林资源总量和质量的快速扩张与提升。加快竹林原料基地培育，以"南竹北拓"工程为突破口抓竹子造林，全县每年新造竹林面积10000亩以上，建成"百里竹子绿色长廊"、"竹子现代示范园"，每年实施低产竹林改造15000亩，对新造竹林和连片造林面积超过100亩的造林户，实行政策倾斜，加大扶持力度。对"杉改竹、松改竹"，在林木采伐指标上予以优先安排，鼓励各类经济主体和个人种植毛竹，大力推进林地使用权合理流转，促使竹林规模经营。推进林区基础设施建设，每年县财政安排50万元专项资金用于林区主要道路等基础设施建设，实行以奖代补。该县现有竹林面积达40万亩，毛竹立竹量5500万株以上，年产竹材1000万支以上，鲜笋2.5万吨以上，实现竹业产值近2.4亿元。

2. 突出主攻二产，全力打造中国笋竹加工基地。实行竹产业项目优先原则，对竹产业项目优先申报国家和省市级重点项目计划，争取上级专项资金扶持，对竹产业骨干龙头企业在生产要素配置上给予重点倾斜。加大竹产业招商引资力度，项目除享受优惠政策外，对投资额在5000万元以上且其产品附加值高、科技含量高的项目，可采取"一事一议"。鼓励企业技改、技术创新和创建品牌，对笋竹加工企业采用先进装备、研发出新产品、创建品牌的分别给予最高20万元不等的一次性奖励，全力打造中国笋竹加工基地。截至目前，该县笋竹加工企业发展到592家，县级以上龙头企业30家，其中市级农业龙头企业7家，省级农业龙头企业2家，林业龙头企业4家，工业产值达13.7亿元。

3. 加快产业延伸，全面提高竹林生态综合效益。抓好"浙江大竹海"、"农家乐"等生态旅游项目开发，将资金、资源向林区整合倾斜，促进竹生态旅游产业的快速发展。大力开展以毛竹、食用小竹、观赏竹子为主要绿化树种的竹景观建设，提升全县竹经济、竹文化品位。充分利用该县笋竹产业发展的区域优势、市场优势与环境优势，建立浙闽赣皖边际笋竹产品专业市场，三产产值超过1.1亿元，竹产业已成为龙游县林区农民增收的主要来源，社会经济发展的支柱产业。

4．加强领导，优化发展环境。该县设立竹产业发展办公室，加强对竹产业发展的组织领导，建立县领导联系竹林基地与重点企业制度，加强指导和服务，及时帮助企业解决实际困难。由相关单位负责对竹产业的第一、二、三产业实行分类培训，为产业发展提供配套服务。完善对竹产业发展工作的考核，把它列入县对乡镇（街道）的综合考核，真正促进竹产业发展。

二、象山县竹器物的社会环境及其变迁

象山县的竹资源主要集中在西周镇和墙头镇，两地相连，之间距离仅20千米左右，紧挨象山港尾部。特别是西周镇东南部的儒下洋乡，是象山著名的竹海地。因此，在这一带，竹器物是旧时人们生活、生产所使用的主要器具。由于象山县是半岛地形，整个象山半岛呈三角形状，和大陆相接部分正是处于三角形的一个角上，南部区域岛屿众多，因此海岸线较长，构成了以渔业为主的经济生产特色。在山和山之间，以及靠海区域，形成了狭长的平原地带，正好用作农业生产用地，农业生产以稻作为主，人均耕地面积不多，但足以糊口。村落地理位置大部分临山或临海，自然资源取用极为方便。象山的竹资源并不算多，但对于仅当作器物的制作材料来讲是绰绰有余的，所以象山县的竹器物使用也是非常普及的。在这样的自然环境中，象山县的竹器物呈现出了鲜明的生产、生活特点。其特点主要包括了渔猎生产、稻作生产这两个方面，另外，近几十年来建筑业的发展，也使得建筑业成为当地的特色。所以，象山县的竹器物特点主要和上述的三个特色有关。

渔猎生产是象山的一大特色，有全国著名的四大渔港之一石浦港。在20世纪80年代之前，位于象山西边的西周、墙头以及东乡的贤祥镇就有大量的渔户存在。因象山港海域狭窄，80年代后，随着鱼类资源的大量减少，周边的渔户因生存问题而逐渐转行。至目前，基本上已经很少见了，但靠近海边的一些村落还有一批渔民靠打鱼为生，那些渔民均临岸而渔，随行船以较为传统的小形舢板船为主（图1-13），与现在的集体大船远洋捕捞相比，无论从规模还是所创造的经济效益来讲，都是无法比拟的。渔船上岸后，渔民便挑着装满新鲜的鱼的竹制鲜篮篰到镇上特定的市场上去卖。所谓特定的市场，只是三三两两的渔民集体形成的一个区域，大部分集中在道路两侧，在象山称之为"小涨篰"。小涨篰的经营时间较为固定，一般在下午四时左右，而且大部分乡民均知道时间，如想买一些新鲜的海鲜，就按着这个时间赶来购买，长年如此。在渔猎生产中，所用器具物品很多都是竹制的，而且品种很多。

除了渔猎生产，稻作生产也是旧时象山人民的重要生产方式，在稻作生产中，竹器物的使用非常普遍，而且基本上和全省其他区域较为类似，如打稻脱粒用的稻桶、晒谷的竹簟、装谷的竹箩、畚斗等等。可以说竹制产品在整个稻作生产中起到了非常重要的作用。

象山县的建筑业是近30年来逐渐兴起的特色产业，自20世纪中叶以来，涌现了大量的建筑业工匠——泥水匠。在浙江农村，一般家庭虽然收入不高，但凭借着辛勤劳作及省吃俭用，也能积攒一些钱，有了这些钱后，首要的投入便是盖新房，早早的为着将来儿子的婚事做准备，认为有了房子才能给儿子找个好媳妇。同时也是家庭条件好坏的标志。另外，农村的攀比之风也是人们花大量人力和物力盖房子的主要原因，一般房子至少在两层以上，三层居多，而且层高至少在3.5米以上，决不能让边上的房子

图1-13 象山县海边渔民

高过自家。这样，在80年代中期以后，在象山农村造新房的风气愈演愈烈，使得学做泥水匠的青年达到有史以来的最高潮，而这些工匠也为象山建筑业的发展奠定了基础。

在80年代后，其中一些泥水匠纷纷外出至上海、宁波、杭州等地打工，并随后承包各类建筑工程，一部分人越做越大，至90年代后，出现了一批建筑公司，目前，象山县的30家建筑企业全部达到三级以上资质，其中龙元、宏润、中达等5家企业被建设部核准为具有房屋建筑施工总承包一级资质。2007年，这5家一级企业完成施工产值83.2亿元，占该县建筑企业总产值的76.3％。象山也已成为我国著名的"建筑之乡"。在农村建筑中，竹器物的投入使用虽然品种不多，但用量较大，比如在农村建设中，脚手架用竹是比较普遍的，还有担运沙石泥土的畚箕（图1-14）。

图1-14　象山县建筑业与竹器物

象山县的竹器物利用主要在生活及上述的三个产业之中。前两个产业是象山传统的农业经济生产领域，而后者是象山县近年来的经济特色产业。所以，近二十年来，竹资源利用也由原来的生活、农业及渔猎生产竹器物为主逐渐转向了建筑行业的应用。从这一点来讲，主要还是人们对种植农业产品和渔猎的兴趣转移到其他非农业生产，而且这种趋势将来会继续转变。

就我所调查的西周镇来看，这种转变是明显的，经调查表明，60年代末以后出生的大多数年轻人基本上很少涉足农业生产，他们中的男青年主要从事机械加工、建筑承包、商品买卖和外出打工等非农业生产，女青年则以从事家务和工厂职员为多。而从事农业生产的主要还是以60年代及60年代以前出生的人们为主，并且从种植量上来看，和以前相比明显减少，造成这方面的原因主要是：1.计划生育导致单位家庭的人口降低，饮食结构变化，家庭所产生的食物消耗明显降低。因此，人们赖以生存的水稻种植，大多数家庭由原来的双季种植变成单季种植，甚至每两年种植一次；蔬菜等农作物的种植量大幅度降低，一般以维持自家的素菜消耗量为主，并不参与市场贸易。2.农民收入增加及收入结构的变化，致使一部分农民从种植农作物中脱离出来。3.随着农业现代化的实施，单个农民的种植量大增，少数农民种植水稻等农作物的动机从自给自足过渡到农作物商业买卖上来，这批农民以种植农作物为主要经济收入来源，使大部分农田以租借形式归于少数农民手中。4.社会环境的影响使青年人不愿意涉足农作物的种植，因为，在农村青年人种植农作物意味着自身能力的缺乏而被人贬低，这是大部分青年不愿意种植农作物的最直接的理由（见图1-15、图1-16、图1-17），这些青年大多以外出打工及周边工厂企业上班为业。5.近年来部分山区农村纷纷迁移至镇周围地带，致使耕地面积大幅度缩小。6.在镇北一带以华翔公司为中心形成了工业中心，一部分耕地被征用作厂房，也造成了耕地面积的缩减。当然，还有一些其他的因素。

图1-15 农村主要的交通工具电动三轮车

图1-16 家庭式的机械加工店

图1-17 杂货市场

由此，西周农村的日用竹器物除了一些必备品以外，基本上用量比以前少了许多，人们也不再把竹器物作为生活和生产的必需品。这样，同属于一条链上的竹工匠，自然在乡民看来已属于日薄西山的行业，与80年代之前相比，竹工匠的从业人数骤减，现在从事竹器物制作的工匠基本上都较年长（图1-18）。如在西周镇上谢村的考察中，据村里的老人回忆，在80年代以前，竹工匠还是一个比较吃香的行业，像只有80户不到的上谢村就集中了五六个篾匠，现在却只有一个竹工匠，而且这个竹工匠仅编制用于建筑的竹畚箕，其他的工匠全部改行，有的务农，有的开起了载客的三轮车，有的则办起了小型加工厂等。至于学徒那就几乎没有了。

图1-18　较年长的篾匠

现在在整个西周镇，还从事竹器物制作的工匠可以说是屈指可数，毕竟竹器物并没有因为社会环境的改变而遭全面淘汰，"蛋糕还存在，只是蛋糕小了，但分蛋糕的人也少了"，所以那些竹工匠还有生存的余地，甚至比起早年还来的更好。比如有些家庭还是钟情于手工编制的产品，拿竹凉席来讲，很多乡民觉得机器编制不如手工编制来的好，在他们眼里多出几百块的价格还是值得的，因此，在农村偶尔还能看到农家招篾匠来家里制作竹凉席的场景，作工形式与以前相似，工钱一般100元每天，包中午饭，还给一包烟，一张席子下来大概3到4工，对东家来说用费在400元左右。如果你上街购买机器编制的竹席，也就在200元左右，甚至更少。

但从整体上来看，象山县西周镇的竹资源利用量在降低，所以大多农村的竹材向外出售给竹地板的生产厂商。当然在竹器物的使用上还是相当多的，这和人们一直沿袭的生活方式及竹器物的价廉、实用相关。当然随着社会经济的发展，传统竹器物必将会因被其他器物所替代而逐渐减少，这是经济发展的必然，但所有的这些和其存在的历史和对社会发展所起的作用来比较，我们不应该因为竹器物的存在与否来考虑它的价值。

三、安吉县竹器物的社会环境及变迁

安吉县地处浙江北部，隶属湖州地区，是我国著名的"竹乡"之一。县境内群山起伏，秀竹连绵，河谷、盆地纵横分布。安吉县的农业以耕作业为主，主要作物有水稻、小麦和番薯。安吉自古就是浙江著名的丝绸之乡、茶乡和竹乡。唐开元年间（713—741），安吉丝及丝织品质称上乘，奉为贡品。茶叶生产普遍，唐陆羽《茶经》载："安吉、武康两县茶叶为浙西上品。竹和竹笋更是境内特产。"①白居易《食笋诗》有："此州乃竹乡，春笋满山谷。山夫折盈抢，抢来早市鬻。"②诗中"此州"指湖州，安吉为湖州最主要的产竹县。近年来，安吉还兴起了旅游业，通过竹海拍摄电影，使得安吉人找到了又一条经济出路。如今，竹产业已成为安吉的支柱产业。数据显示，2007年安吉竹产业总产值达75亿元，对全县GDP贡献率达到32%，仅用全国2%的竹类资源，创造了20%的全国竹产业总产值。竹竿做地板、窗帘、凉席，竹枝、竹梢做扫把，竹鞭、笋壳做根雕工艺品，竹笋做食品，竹屑、加工废料做竹炭，几乎没有浪费。当地30万农民家家户户与竹子打交道，大大小小1600多家竹加工企业遍布全县，共有6大类5000多种竹产品。

俗话说"靠山吃山，靠水吃水"，安吉人深知，翠竹就是安吉得天独厚的优势，安吉的经济要发展，安吉人要致富就要在竹子上动脑筋。20世纪80年代末期，安吉通过大力培育竹林，竹类资源总量已相当可观，但竹农并没有因此而富起来。据当地居民回忆说："那时候，安吉的竹子能做什么？运到上海做建筑用的脚手架，100斤才8块钱。"原始的育竹卖竹，不仅产品附加值低，而且销路有限。提高竹子的附加值，让丰富的资源生产出更多的效益，安吉人将目光放到了生产竹加工品上。循着这样的思路，安吉努力把竹子的资源优势、生态优势、文化优势转化为发

---

① 陆羽. 茶经.
② 白居易. 食笋诗.

展优势，走出了一条"精心培育一产、开放壮大二产、加快发展三产"的竹产业发展新路子。

安吉养蚕业较发达，是湖州地区重要的养蚕地区。其中安吉县递铺镇垅坝村土地资源丰富、气候宜人，很适合栽桑养蚕，是浙江省最大的蚕桑生产专业村。近年来，该村有70%的农户靠着栽桑养蚕走上致富路。近年来，整个茧丝市场行情不错，养蚕效益也跟着水涨船高，一下子把大家养蚕的积极性又调动起来。据悉，今年该村一季养十方以上的大户已有十余户，最多的农户一季要养十三张种。所以安吉有一句俗语："长喂猪、短养蚕，这养蚕赚的是现钱。"由于养蚕需要器具，特别是竹制器具，如蚕匾、桑笼、竹席等。因此，早在明清时期，安吉就开始大量种植竹子，用于制作养蚕器具，并为杭州、湖州、苏州等地提供养蚕用的竹垫、竹席等，成为丝绸业中的"卖锄头者"。到了现代，养蚕还是安吉部分乡民的主要经济来源，而且随着养殖水平的提高，出现了许多养殖大户。养蚕用的竹器物在蚕农家里是很常见的，而且量也很大（图1-19）。

图1-19　安吉养蚕业

安吉为了大力发展竹文化，打造竹品牌。从1997年开始，举办了多届"中国（安吉）竹文化节"、"国际竹产业论坛"等大型竹产业、竹文化宣传活动，并将国际竹藤组织的培训和研发中心请到了安吉。为安吉的竹产业和竹文化的发展奠定了坚实的基础。而且一条高效循环可持续发展的竹产业链在安吉成形，一根竹子从竹鞭、竹竿、竹枝、竹梢、竹叶到竹屑均能得到有效利用，附加值高达60多元。怪不得有人戏言："安吉人把竹子吃干榨尽了。"安吉竹产业的高效循环发展，受益最大的是当地百姓。中国民间有养儿防老传统思想，而安吉却流传这样的说法："多生一个儿，不如多育五亩竹。"安吉县林业局副局长陈林泉说："现在安吉的竹价是全国最高的，竹农们的收入自然就高了。"安吉县县委书记唐中祥说："2006年全县农民人均纯收入达8031元，就靠着竹子，全县农民平均增收4884.7元。"

安吉除了促进本地经济的发展，还对国内其他竹产地起到辐射作用，让那里的老百姓成为安吉竹经济的受益者。据统计，现在安吉每年要消耗竹材1.1亿支，而安吉当地产量仅有2700万支，也就是说有75％左右的竹子要从外地进。有些企业已经到江西、福建、广西等竹资源丰富地，建立竹原料粗加工基地。据统计，安吉全县有50多家企业、3000多人活跃在江西、福建、安徽、湖南等省合作开发竹产业，已建立原料基地50多万亩，投资总额3750万元，年产值14949万元。

图1-20 安吉银坑农家乐

还有，高效环保的竹产业还造就了安吉的绿水青山，带动了当地第三产业的发展。2006年6月，安吉被评为中国第一个"全国生态县"。万顷竹海使安吉成为旅游胜地，"大竹海、生态游、农家乐"成了安吉吸引游客的金字招牌。2006年，该县竹业旅游收入达到5.6亿元，游客数量达到320多万，而且以每年40％的速度在递增。旅游业的发展乐坏了这里的百姓，"农家乐"让安吉人尝到甜头。安吉县大溪村的翁建英一家从2000年开始经营"农家乐"，年收入从原来的1万多元达到现在的30多万元，不仅自己建了房，还盖起了别墅。"和以前比，现在简直在天上。"翁建英说，"2000年，我向银行贷了19万元，不到两年就还上了。"在安吉，像翁建英这样依靠旅游发家的农户比比皆是（图1-20）。

为进一步提升安吉竹林经营水平，为竹加工业的发展提供资金保障，安吉县委、县政府相继出台了《关于加快竹类资源开发的实施意见》、《安吉县竹子发展规划》、《安吉县冬笋开发规划》、《关于加快林业现代化建设的意见》、《关于提高农业竞争力加快高效生态农业发展的若干意见》等一系列文件，为安吉竹产业发展提供政策和资金保障。从1983到2008年，政府累计投入山林资金近2亿元，特别是在"十五"期间，平均每年以20％左右的速度递增。

　　安吉县委、县政府在生态立县战略的指引下，坚持走科技兴林之路，依托良好的资源优势，借助与科研院所、高等院校良好的合作关系，不断加大林业科技在竹笋培育、竹子加工等环节的应用力度。加强竹业科技投入和研究，先后开展了竹林结构动态调整技术、竹林高效经营测土施肥和配方施肥技术、竹林水分管理技术和节水定量调控技术、毛竹三笋产品构成调控技术、无公害竹笋生产技术、竹林生态经营技术等竹林经营新技术的试验研究，因地制宜地开展竹林分类经营与定向培育，加快竹产业结构的调整，提高竹林经营水平。全面启动毛竹现代科技园区、竹子速丰林改造、万亩竹子良种基地和林区作业道路建设，使安吉的竹林培育水平不断得到提高。截至目前，全县建成毛竹现代科技园区核心示范区27个，面积15万亩；毛竹低产林改造15万亩；竹子良种基地1万亩。到2007年年底，全县竹林面积由1978年的60万亩增加到108万亩（其中毛竹林面积86万亩），毛竹蓄积量由1978年的8760万株增加到1.7亿株；毛竹年采伐量由1978年的1280万株增加到2800万株；全县竹资源产值从1978年的不足2000万元增长到7.5亿元。

　　整体来讲，通过近几十年的发展，安吉的竹子利用已经从传统的制作器物，发展到了各类应用上，竹胶板、竹席、竹炭、竹纤维等用竹已经远远超出了传统的竹器物制作，原先的手工劳作变成了机器加工（图1-21）。安吉人也从对竹子的高效利用中逐渐尝到了致富的甜头。

图1-21　安吉竹制品厂

第二章　浙江民间生活用竹器物

　　竹子的广泛实用性，首先体现在它满足了人们衣、食、住、行、用等日常生活的各个方面，为人类制作日常生活器具物品提供了既简便又耐用的材料。据大量的考古材料表明，早在新石器时代，中华民族的先民们就已经认识了竹取材便捷、坚固耐用的自然属性，并将其应用于日常生活领域之中。随着社会生产力的发展以及对竹的认识的不断提高，对竹的开发和利用更为广泛，竹成为人们生活、生产中不可或缺的材料之一。虽然竹器物并非我国民间日用器具的主流，但其低廉的价格、较强的实用性，长久以来都是竹林地区民间乡民生活当中的必需品，而且使用范围极其广泛。正如苏轼所述："食者竹笋，庇者竹瓦，载者竹筏，爨者竹薪，衣者竹衣，书者竹纸，履者竹鞋，真可谓不可一日无此君。"可见竹子融入我们生活之深。

　　浙江是我国竹子资源最为丰富的地区之一，长久以来民众对竹的使用更是像空气一样充满了几乎所有的生活领域，已经司空见惯了。走进盛产竹子的浙江农家，可以看到大量的竹器物散落在农家的各个角落。浙江民间竹器物的生活用竹，主要用于服饰、炊食具、家用器具、家具、交通用具等，特别是在炊食具、家用器具、家具等器物上，可谓样式繁多，功能齐全，大小不一，充分显现出了浙江乡民特有的生活方式以及竹子特有的文化魅力。

第一节　竹制服饰

　　从先秦开始，竹就开始渗透于中华民族的传统服饰之中，并与之结下了不解之缘，成为我国人民制作服饰的重要材料之一。

从头戴的冠到脚登的鞋，从身穿的衣服到佩饰的簪，均能找到竹的身影。

浙江竹制服饰用品主要有竹冠、竹帽、竹衣、竹鞋、竹佩饰品等。由于社会的进步和发展，除了竹笠还在广泛应用之外，其他竹制服饰用品均已被其他用品所替代。但综观竹制服饰用品的发展历史，我们仍可认识到竹服饰所承载的悠久传统文化，而且从不同侧面认识到竹的功用。

一、竹制首服

1. 竹冠

冠，古代贵族男子戴的帽子，就是在发髻上加的一个罩，很小，并不覆盖整个头顶，其样式和用途同后世的帽子不同。古代的冠有许多种，质料和颜色各不相同。

竹冠，又称长冠、斋冠、竹皮冠、笋箨冠、鹊尾冠等，相传为汉高祖刘邦创制，所以又名"刘氏冠"。《汉书·高帝纪》载："高祖为亭长，乃以竹皮为冠，时时冠之，及贵常冠，所谓'刘氏冠'也。"裴骃集解引应劭曰："以竹始生皮作冠，今鹊尾冠是也。"所谓竹皮，指笋壳，即箨，竹初生时外面包的皮叶，随着竹子长成而逐渐脱落。这种冠在汉代属于祭祀用的祭服，规定爵非公乘以上不得戴用，故又称"斋冠"。到了晋代，去竹皮，改用漆缅（即黑色的纱帛），《后汉书·舆服志》载："长冠，一曰斋冠，高七寸，广三寸，漆缅为之，制如板，以竹为里。"湖南长沙马王堆一号汉墓出土的彩衣木俑（图2-1），头顶大多竖有一块长形饰物，形制如板，前低后高，即是竹冠的模型。

图2-1　长沙马王堆一号汉墓出土的彩衣木俑上的竹冠造型

隋代以后，竹冠的用途已不仅限于祭祀场合，也进入寻常百姓生活，《隋书·礼仪志》载，沈宏倡议竹冠不宜作为祭服："竹叶冠，是高祖为亭长时所服，安可绵代为祭服哉！"进入唐代，竹冠为文人士大夫所喜用，留下了不少相关的诗句，如陆龟蒙《奉和袭美夏景冲澹偶作次韵》"蝉雀参差衣扇纱，竹襟轻利箨冠斜"，司空图《华下》"箨冠新带步池塘，逸韵偏言夏景长"等。

至明代，竹冠的制作工艺十分完善，尤以湘竹所制最为上乘。明末清初思想家陈确①擅以湘竹制作竹冠，并根据形制区分出三种类型，即明冠、云冠和湘冠，合称"三冠"。在制作上，明冠"取竹节之短而扁者，截其半为冠，而留两节为前后，前凸后凹……又科棍于前后以通其气，前乾而后坤，故称明冠焉"。"云冠镌四柱上属，五云下覆，故以名。皆阳文而双行，文如丝焉。湘冠内治，云冠外内治，故迟速略异。湘冠黄质而紫文，灿若云锦，两目相望，皆当湘文之缺，如云开之见日与月也。"就外观而言，"明冠用其横，湘冠、云冠用其直"。在佩戴上，"明冠簪自前，湘冠、云冠簪自右"。

竹冠自进入百姓日常生活，其盘结头发和遮阳挡风的实用功能逐渐占据主导地位。太平天国时，竹冠被用作头盔以护身御敌，名为"号帽"，冠上绘有五色花朵和彩云，中留粉白圈四个，分写"太平天国"四字。

竹冠能在首服中长久占据一席之地，除了取材便利、制作难度较小等因素外，还有其深刻的文化根源。士大夫崇尚俭朴，在儒道互补的文化氛围中，道家清心寡欲、恬淡自适、返璞归真等观念亦深深印入一部分士大夫的头脑中，于是，他们托物寄情，通过一顶顶小小的竹冠传情达意。明代束发冠的材质特别多，以屠隆②《起居器服笺》所记，"有铁者、玉者、竹者、犀者、琥珀者、沉香者、瓢者、白螺者"，可说无奇不有。而出游时特别推崇竹冠，显然是看中了竹所具有的"山林气象"。张岱《陶庵

---

① 陈确（1604—1677），字乾初，浙江海宁人。明末清初思想家。一生绝意仕途，山居乡处，潜心学术，著有《陈确集》。

② 屠隆（1543—1605），字长卿，浙江鄞县（现鄞州）人，万历五年进士，官至礼部主事、郎中。

梦忆》记陈继儒居杭，常"竹冠羽衣，往来于长堤深柳之下"。可见竹冠确为当时浙江文人士大夫出游时所喜用。[①]另外，元代浙江诸暨的著名画家、诗人王冕（又号竹冠草人）也喜用竹冠束发，以下诗句便是他对竹冠的描写：

竹　冠

竹冠横五折，安用铁丝疏？

斑积湘江雨，清衔嵼谷秋？

自然坚节在，难与俗情侔。

相见无疑怪，先生不姓刘。

在浙江地区，除了士人喜爱竹冠外，景宁一带的畲族妇女也有戴竹冠的习俗。史载，他们"男女椎髻，跣足，衣尚青、蓝色。男子短衫，不巾不帽；妇女高髻垂缨，头戴竹冠蒙布，饰理路状"[②]。相传，畲族始祖槃瓠娶高辛帝第三公主为妻，后在凤凰山繁衍子孙。第三公主原戴金银珠玉制成的凤冠，因要与槃瓠一道开山拓田，赶山打猎，便砍来一根毛竹，用布、丝线、石珠做成筒冠，作为箬笠，戴在凤冠之上，是为畲族所戴竹冠的原型。畲族妇女不戴竹冠时，不髻不鬟；外出时戴竹冠，头发在脑后梳成螺旋或筒式高髻，发间系红绳，然后戴竹冠。周杰《景宁县志》载："断竹为冠，裹以布，布斑斑，饰以珠，珠累累，皆五色椒珠。"竹冠筒状，高约6厘米，周约30厘米，上用花布或红布裹绕，用各色石珠穿成珠链，挂在冠的周围。石珠如绿豆大，有白、蓝、绿等色，以线盘之，每串长约60厘米（图2-2）。一般少女无此头饰。

图2-2　畲族竹制凤凰冠

2. 笠

"孤舟蓑笠翁，独钓寒江雪"，在文人眼里，戴笠似乎是江

①　施远. 竹器与晚明文人生活[J]. 文史知识. 2002（11）：74.

②　施联朱. 畲族风俗志[M]. 北京：中央民族学院出版社，1989：33.

南农民的特征，历代诗文、书画里均多有刻画。

笠起源较早，先秦时称"笠"，是劳动者遮阳挡雨的用具，如《诗经·小雅·无羊》"尔牧来思，何蓑何笠"，记录了当时人们穿蓑衣戴笠帽的情况；《诗经·周颂·良耜》"其笠伊纠"一句，则描写了农民戴着竹笠从事劳作的情形。

笠在战国时也是许多游说之士随身携带之物，《国语·吴语》载："遵汶伐博，簦笠相望于艾陵。"急就篇注"簦"、"笠"，皆所以御雨。大而有把，手执以行，谓之簦。小而无把，首戴以行，谓之笠。可见，簦、笠乃是两种雨具，其区别只在于有把无把，

笠有多种材质，如竹叶、草梗、毛毡、棕皮等，品名亦各别，如唐代诗人张志和《渔歌子》："青箬笠，绿蓑衣，斜风细雨不须归。"其中的箬笠就是由竹篾和竹箬编制而成。由于笠较草帽坚韧耐用，既能遮风雨，又能挡酷暑，因此，数千年来，深得民众喜爱。

图2-3 戴着笠帽劳作的村民（龙游）

浙江的笠一般用竹篾和竹箬或棕榈丝等材料制成，因此也称竹笠或竹帽。竹笠具有良好的透气性、散热性、廉价、实用，故此在浙江农村非常普及。笠帽为农家必备，特别是农忙时节，到处可以看到戴着竹笠劳作的人（图2-3），休息时还可以取下竹笠当扇子用，雨季时便将竹笠和蓑衣搭配使用，如金华地区旧谚曰"喝了清明酒，蓑衣笠帽不离手"，这也是描绘的笠翁形象（图2-4）。

图2-4 笠帽蓑衣（龙游）

在浙江地区，笠帽所用竹材以孝顺竹、京竹等细竿小竹为主，其形制主要有圆顶和尖顶两种：前者顶部为圆形，用篾丝编织成单层网眼状篾架，外包笋壳即成，多见于龙游地区；后者顶部是圆锥形，圆锥形底部向水平方向伸展，有三层，里层和外层相似，是用竹篾编成的六角网眼，夹在两层网格之间的中层是用干的竹箬或棕榈丝铺垫。后者较前者精细美观，浙江地区普遍使用。更考究的做法是制成后用药物熏制以漂白和防潮、防霉。

浙江笠帽以景宁畲族所戴者为佳。畲族斗笠是用油浸透的五彩九重篾丝编织，制作精巧，滴水不漏，"笠上的花纹有笠凌晨燕、顶、四格、三层檐、云头、虎牙、斗笠星等几种，相互搭配……其竹篾细若发丝，一顶斗笠的上层篾条有220—240条之多……花纹细巧，形状优美，再配以水红绸带、白带及一串数百颗各色小珠子做成的斗笠带，显得更加精美别致"[①]，极富民族风情。畲族妇女外出赶集或走亲访友时都要戴上花斗笠，现今，这种工艺品更是成为抢手的旅游产品和出口产品（图2-5）。

图2-5　畲族笠帽

二、竹衣

古人以细竹枝编制为衣，又以竹之纤维织成竹布做衣，称为竹衣。以竹为布，最早见于东汉杨孚《异物志》。晋嵇含《南方草木状》载："篁竹叶疏而大，一节相去六七尺，出九真（引者按：今越南河内以南顺化以北地区），彼人取嫩者槌浸纺织为布，谓之'竹疏布'。"在唐代，竹布是岭南一些州县的贡品，如清屈大均《广东新语》称："唐时端、潮贡蕉布，韶贡竹布，竹布产仁化，其竹名丹竹，亦曰单竹，节长可缉丝织之，一名竹疏布。"宋赞宁《笋谱》记载一种从即将成竹的老笋中取纤维的"取麻法"，可以取麻的竹类有篁竹、麻竹、桂竹、箪竹等。

竹布在古代是上等的衣料，竹疏布裁制为衣，称为竹疏衣。白居易在香山避暑时曾写下诗句："纱巾草履竹疏衣，晚下香山踏翠微。一路凉风十八里，卧乘篮舆睡中归。"可见竹疏衣特别凉爽舒适。图2-6是笔者在安吉竹博园考察时拍摄的竹衣造型。

图2-6　竹衣（安吉竹博园）

三、竹鞋

中国古代有一种笋壳制成的鞋——笋鞋，由于记载较少，其

---

① 叶大兵. 中国民俗大系——浙江民俗[M]. 兰州：甘肃人民出版社，2003：361.

详情难以查考，但据现有史料推断，至迟在唐代已为民众穿用。张祜《题曾氏园林》有"斫树遗桑斧，浇花湿笋鞋"，反映了唐人穿笋鞋劳作的情形。笋鞋在当时还被文人当作馈赠品，如张籍曾赠王建藤杖及笋鞋，并赋《赠太常王建藤杖笋鞋》："蛮藤剪为杖，楚笋结成鞋。以此持相赠，君应惬素怀。"宋代也有不少文人穿这种鞋，如曾巩曾于春天穿着笋鞋游于南源庄，发出"野柔川深春事来，笋鞋暝屐青云步"的赞叹。

笋壳鞋的材料以毛竹笋壳居多，制作时先将笋壳浸湿，晾至半干待用，以麻绳编成鞋筋，将半干的笋壳编织上去即成。"在旧时浙江，笋鞋为产毛竹的山区所独有，妇女多用此作雨鞋。另外，旧时农家妇女自制布鞋，往往在鞋底中夹几层笋壳，以防渗水。"[1]笋壳鞋制作原料廉价易得，既保护了袜子，又增加了行路的摩擦力，是很实用的产品。

另外还有一种竹鞋——竹屐，即竹制拖鞋。《急就篇》颜师古注："屐者，以木为之，而施两齿，可以践泥。"可见，屐最初是木头做的，下有两齿，雨天穿着可防湿防滑。随着时代的发展，屐的材质多样化，出现了帛屐、玉屐、竹屐等。其中，竹屐是过去浙江乡民常用的一种土制雨鞋。取相当于鞋底长度的竹筒一截，剖成两半，各从中锯成两段，即可得到四枚屐齿，屐齿竹心朝下，分别钉固在鞋底前掌与后跟位置，安装好绳带，就制成了一双土制雨鞋。余姚一带的竹屐因采用毛竹头制作，故名"竹带头"，因穿着行走时发出"的笃！的笃！"之声，又名"竹的笃"。竹屐透气性好，硬度比一般木材高，十分耐穿，新中国成立前，在浙江农村使用普遍，随着生活水平的大幅度提高，如今已经被胶鞋取代。

---

[1] 龙游县政协文史委员会. 龙游竹文化. 内部资料，1993：24.

四、竹制饰品

1. 竹簪

簪最初叫笄，是固定发髻的用具，其历史十分悠久。原始社会末期，束发习俗兴起后，竹笄就与陶笄、骨笄等同时出现了。明王世贞《宛委余编》："女娲氏，以竹为笄。"正反映了这种情况。《说文解字》："笄，簪也。"《康熙字典》："妇人之笄，则今之簪也。本作笄。"说明笄乃是原始的簪。小篆"笄"字作笄，它很清楚地反映了笄最初的形状及制作材料。

在古代，笄又是女子成年的标志。据《仪礼》等书记载，女子15岁成年，已许嫁者梳髻插笄；未许嫁者到20岁时要行笄礼。行礼时，要拜天地、宗祠及尊长，以笄盘发固髻，表示已长大成人。旧时，在温州各地，结婚当天母亲要为女儿加笄，俗谓"上头"。

随着社会的发展，笄的材料也发生了变化。从出土的春秋战国时期实物来看，当时主要有木笄、玉笄、竹笄等种类。

竹簪取材便利，制作简易，造价低廉，因此在古代，主要是农民及下层市民的佩饰，不为文人墨客及贵族所重，尤其是在玉簪、金簪、犀簪、翠羽簪等后起发簪出现之后，竹簪这种最原始、简陋的发簪便逐渐隐退。如在唐代，诗文中言及竹簪的甚少，全唐诗中仅有一首，即张九龄《答陈拾遗赠竹簪》："此君尝此志，因物复知心。遗我龙钟节，非无玟瑶簪。幽素宜相重，雕华岂所任。为君安首饰，怀此代兼金。"陈拾遗赠竹簪给张九龄，是以竹之高洁暗喻张九龄为官清廉，洁身自好。此外，孙思邈《备急千金要方·卷十五》："以新死大雄鲤鱼胆二枚和内药中，又以大钱七枚常著药底，兼常著铜器中，竹簪绵裹头，以注目眦头，昼夜三四，不避寒暑……"说的则是竹簪尖端的辅助治疗作用，而不是其作为发簪本身的作用。

在古代，斩衰丧礼中有佩戴筱竹簪子的习俗，称为"箭笄"。《仪礼·丧服》载："箭笄长尺，吉笄尺二寸。"郑玄注："箭笄，筱竹也。"据清代翟灏《通俗编·服饰》解释："古丧制：妇人笄用筱竹，曰箭笄，或用白理木，曰榆笄，亦曰恶笄，其吉笄乃用象骨为之。"在浙江绍兴地区，公婆去世，媳妇头上要插矫健笄，又称"朝天笄"，是用竹制成高高的笄架，缠以白头绳，当中横插一支玉簪，把内外两圈贯穿起来，一大一小，插在后脑，远远望去，好似头后耸立着一座白色的小山头。矫健笄由专人扎。①现在此俗已废。

2. 竹镯

竹镯是畲族妇女的传统佩饰。其直径约10厘米，圆经约12厘米，民间一是作为随嫁品，民谣曰："棕衣、箬帽、锄头、弯刀、草鞋、竹镯六样随嫁宝，样样不可少。"二是作为辟邪物，凡出门、走亲戚和上山干活都要戴上竹镯，有遭遇野兽袭击时，可作脱身之用的说法。过去，山林中时有野熊出没、伤人。畲族人民在长期的狩猎生活中总结出和野熊作斗争的经验，遇到野熊，一时无法逃脱时，让野熊抓住竹镯，设法抽出手来趁势逃脱。竹镯后来逐渐演变为日常饰品，也作为老人死后的陪葬品。现在畲族妇女都戴银镯、金镯，竹镯已基本绝迹。②

第二节　竹制炊食具

竹制炊食器具为浙江乡民所常用，走进厨房，随处可见各种竹制器具，如竹筷、竹蒸架、竹蒸笼、竹笊篱等。在琳琅满目的炊食器具中，竹制品始终占据着重要的一席。

---

① 浙江民俗学会编. 浙江风俗简志[M]. 杭州：浙江人民出版社，1986：232.

② 参见叶大兵. 中国民俗大系——浙江民俗[M]. 兰州：甘肃人民出版社，2003：363.

一、食具、炊具

1. 竹筷

依材料来讲，筷子的种类可谓繁多，有竹筷、象牙筷、玉筷、金筷、银筷、塑料筷等，不一而足。其中，历时最久、使用面最广泛的是竹筷。

筷子在先秦时期称为"梜"或"筯"，秦汉时期叫"箸"，"箸"或"筯"，二字均以竹为偏旁，"梜"则以"木"为偏旁，由此可以推断，最早的筷子是以竹、木为材料制成的。《礼记·曲礼上》有"饭黍毋以箸"、"羹之有菜者用梜"，《史记·微子世家》有"纣始有象箸"，这是关于筷子的最早文字记载。由此可见，筷子的历史至少可以追溯到公元前11世纪的商纣之前，距今已有3000多年历史。

筷子的发明和普及与中国人的饮食习惯息息相关。其一，从食品加工方式来看，中国人以热食、熟食为主，古人认为"水居者腥，肉臊，草食即膻"，热食、熟食可以"灭腥去臊除膻"。由于熟食烫手，先民就随手折取细竹枝、小树枝来捞夹熟食，天然的竹枝木棍便是筷子的雏形。其二，筷子在中国的普及，还与羹食密切相关。在古代，囿于烹饪技术的限制，无论主食或菜肴，大多加水烹煮而成，菜肉多汁则成羹，为了夹取羹汤中的肉菜，人们发明了箸。最初箸只是用来夹取食物，不直接触碰嘴唇，如《礼记·曲礼上》云："饭黍毋以箸"，"羹之有菜者用梜，其无菜者不用梜"。秦汉以后，随着烹饪方法的增加，筷子不仅可以用于取食传统羹菜，也可用于取食炒菜、饭食和点心。[①]其三，我国聚食制的饮食方式对于筷子的普及也有推动作用。其四，筷子制作简便，其原料竹子早在远古时代就已经遍布各地，取材极为方便。

筷子这个名称始见于明代，明代陆容《菽园杂记》中记述："民间俗讳，各处有之，而吴中尤甚。如舟行讳'住'，讳

————————
① 参见王仁湘.中国古代进食具匕箸叉研究[J]. 考古学报，1993（3）.

'翻'。以'箸'为'快儿'，'幡布'为'抹布'。"苏州船家吃住都在舟中，由于"箸"与"住"同音，船家对此很忌讳，因此反其意而用之，以"快"字代替"箸"字，寓意一帆风顺，反映出人们美好的愿望。又因"箸"（"快"）大多以竹制成，便在"快"字上添个"竹"字头，就成了"筷"字。

日常生活当中对筷子的运用是非常有讲究的。一般我们在使用筷子时，正确的使用方法讲究得是用右手执筷，大拇指和食指捏住筷子的上端，另外三个手指自然弯曲扶住筷子，并且筷子的两端一定要对齐。在使用过程当中，用餐前筷子一定要整齐码放在饭碗的右侧，用餐后则一定要整齐地竖向码放在饭碗的正中。由此，各地出现了很多使用筷子的忌讳，在浙江民间主要有以下几种使用筷子的方法是被禁止的。

仙人指路：这种做法也是极为不能被人接受的，这种拿筷子的方法是，用大拇指和中指、无名指、小指捏住筷子，而食指伸出。吃饭用筷子时用手指人，无异于指责别人，这同骂人是一样的，是不允许的。还有一种情况也是这种意思，那就是吃饭时同别人交谈并用筷子指人。

品箸留声：这种做法也是不行的，其做法是把筷子的一端含在嘴里，用嘴来回去噏，并不时地发出咝咝声响。在吃饭时用嘴噏筷子本身就是一种无礼的行为，再加上配以声音，更是令人生厌。所以一般出现这种做法都会被认为是缺少家教，同样不允许。

击盏敲盅：这种行为被看作是乞丐要饭，其做法是在用餐时用筷子敲击盘碗。因为过去只有要饭的才用筷子击打要饭盆，其发出的声响配上嘴里的哀告，使行人注意并给予施舍。这种做法被他人所厌恶。

执箸巡城：这种做法是手里拿着筷子，做旁若无人状，用筷子来回在桌子上的菜盘里搜寻，不知从哪里下筷为好。此种行为是典型的缺乏修养的表现，令人反感。

颠倒乾坤：这就是说用餐时将筷子颠倒使用，这种做法是非常被人看不起的，正所谓饥不择食，以至于都不顾脸面了，将筷子使倒，这是绝对不可以的。

当众上香：往往是出于好心帮别人盛饭时，为了方便省事把一副筷子插在饭中递给对方。会被人视为大不敬，因为北京的传统是为死人上香时才这样做，如果把一副筷子插入饭中，类似于给死人上香，所以说，把筷子插在碗里是绝不被接受的。

2. 竹筒

竹筒作为烹饪器具，具有悠久的历史。早在陶器出现之前，人们就已经有用竹筒盛水煮食物的习惯，并一直沿袭至今。

竹筒饭早期多用于祭祀，据传其产生与诗人屈原有关，南北朝吴均《续齐谐记》中说到"屈原五月初五投汨罗而死，楚人哀之，每至此日，以竹筒贮米投水祭之。汉建武年，长沙欧回见人自称三闾大夫，谓回曰：见祭甚善。常苦蛟龙所窃。可以菰叶塞上，以彩丝约缚之二物，蛟龙所畏。"据此看来，最初祭祀屈原的祭品是竹筒饭，直至汉代，人们才改用菰叶、箬叶或苇叶裹饭，再缠缚以五色丝线做成的粽子（又名角黍）。尽管端午节食粽子的习俗广为流传，但竹筒饭并没有就此消失，在相当长的时间里，"竹筒粽"与"角黍"并存，都作为祭品。在浙江地区，随着旅游业的兴起，在景区道路两旁常常会看到放在炭火上烧烤的竹筒饭（图2-7），这种饭食既美味可口，又给游人提供了方便。其中，以武义的竹筒饭最为有名。

图2-7 路边的竹筒饭（武义）

竹筒不仅可以盛米做成竹筒饭，而且还可以用来烤菜。竹筒烤菜据说源于古老的百越族，北魏前已传入北方。《齐民要术》记载了用竹筒烤杂肉的方法："用鹅、鸭、獐、鹿、猪、羊肉。细研熬和调如'胳炙'。若解离不成，与少面。竹筒六寸围，长三尺，削去青皮，节悉净去。以肉薄之，空下头，令手捉，炙之。"这种烹饪方法被称为"筒炙"，又称"捣炙"。经过世代的流传，竹筒烤菜如今已成为一些地方的风味名吃。

3. 竹箅

"箅"，原是甑中作隔层用的竹屉（分层的格架）。《说文》载："箅，蔽也，所以蔽甑底。"因用于甑中，故有"甑箅"之名；又因系炊饭之用，故又有"炊箅"之称。

何谓"甑"？《辞海》释："古代蒸食炊器。底部有许多透蒸汽的孔格，置于鬲或釜上蒸煮，如同现代的蒸锅。也有无底另外加箅的。新石器时代晚期已有陶甑，商周时代又有青铜铸成的。"浙江之甑（图2-8）多用宽木片箍成，其形如木桶，由

图2-8 饭甑

甑盖、甑体、甑箅组成。甑盖有木制和笋壳制，笋壳甑盖最有特点，是用数层竹笋壳制成，圆锥形斗笠状，顶部附细麻绳小圈作为提手。甑体木制，外面用竹篾编成的花箍箍紧，内壁七分之三高处钉有四个方木块，以便承托甑箅。甑箅一般是用竹篾编成，圆锥状，其尖顶向上，既可防止沸腾的甑脚水冲湿米饭，还可以让米饭充分受热。饭甑俗称"蒸桶"，有大有小，小的炊几斤米，大的炊三五十斤米，凡做红白喜事都用大饭甑炊饭，出饭率高，且饭香。甑曾是浙江广大地区普遍使用的炊食器具，尤以生产合作社时为盛。那时全村老少集聚吃饭，而甑是唯一可以满足多人饭食的器具。

后来，"箅"从"甑"中分离出来，其形制逐渐简化，演变成蒸架，所以"箅"又指有空隙而能起间隔作用的器具。《淮南子》云："明镜可鉴形，蒸食不如竹箅。"描述了竹箅之形制和功用。过去，在浙江地区，竹箅是农家必备的炊具，是用来蒸食物的器具，其用途与蒸笼相同，但制作、使用均较蒸笼简单、方便，浙东方言又称"羹栏"（图2-9），意指蒸菜之器物。人

图2-9 羹栏（象山）

们一般在烧饭时在铁锅里放蒸架，放上需要加热的剩菜或其他食物，饭烧好的同时菜也加热了，既方便又省时。根据铁锅的尺寸，一般有三种蒸架：尺四、尺六和尺八[1]。过去，江南农村一

―――――――――

[1] 尺四（锅）、尺六（锅）和尺八（锅）指的是铁锅的大小，如尺四锅的大小为直径一尺四寸。

般家庭都有可安置上述三个规格铁锅的灶台，俗称"三眼灶"。三口铁锅各有不同的功用，尺四锅最小，一般用来烧菜，尺六锅则用来煮饭，而尺八锅主要用于酿酒、蒸制点心或大型的宴请活动，不常用，平时在上面盖一块板，可以放置一些杂物。现在尺八锅很少见，因为随着家庭人数的减少，一餐饭食分量也随之减少，尺四锅和尺六锅已足用（图2-10）。至今浙江民间还可见竹制蒸架，但多数人家已逐渐用铝制品代替。

图2-10 灶台（龙游）

浙江地区竹制蒸架的做法主要有两种，一种是把竹筒劈成一根根宽2—4厘米的竹片，分上下两层纵横交叠，竹片与竹片之间留一定空隙，再用细竹篾编织固定，成品为圆形，浙江地区普遍使用；另一种是用六角眼（也称"胡椒眼"）编织法，成品两边微翘，成合围之状，制作比较考究，在衢州龙游地区较为盛行（图2-11）。

4. 蒸笼

蒸笼（图2-12），是由"甑"演变而来，至晚在南北朝时期已经问世，隋唐时已普遍使用。蒸笼是用竹片制成的容器，状似圆柱形的盒子。一套蒸笼只有一个盖子，底下一层层的容器就是蒸架，边上是竹环，蒸架一环套一环，配合紧密。

图2-11 龙游发糕蒸架（龙游

关于蒸笼的由来还有一个传说。传说汉高祖时，韩信领兵深入敌阵，考虑到扎营炊烟将暴露军营位置，苦心思索之下发明了干粮，即以水汽蒸熟的食物。这种军粮可耐久存放，不易腐败。韩信利用竹木等天然材料制作的用以蒸制食物的炊具，或许就是蒸笼之雏形。

蒸笼的用途非常广泛，可蒸制各类食物，最常见的就是蒸馒头包子。另外，因其容量

图2-12 蒸笼

大，一次可蒸制许多菜肴，而且还能保温，所以还是酒席中常用的容器。至今在浙江民间仍广泛使用，不同地区蒸笼的形制大小不一，品类较多。

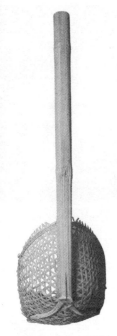

图2-13　笊篱（龙游）

图2-14　方形菜罩（缙云）

图2-15　圆形菜罩（龙游）

5. 笊篱

笊篱发明得相当早，大概有几千年历史。明代徐炬《事物原始》记载："黄帝命西陵氏养蚕，制笊篱以捞蚕蛹。"可见笊篱至今已有五千多年的历史。唐代段成式《酉阳杂俎》中记安禄山受赏之物，其中有银笊篱一项。另外，明朝许仲琳编的神话小说《封神演义》说，姜子牙发迹之前曾以编竹笊篱为生。

笊篱的主体是用较硬的竹篾片编织的杓状网兜，一端有长手柄，用于捞取汤羹里的食物（图2-13）。北魏贾思勰《齐民要术·饼法》："拣取均者，熟蒸，曝干。须即汤煮，笊篱漉出，别作臛浇。"

昔年，浙江山区地少人多，粮食产量低，几乎户户缺粮，较为穷苦的家庭要吃上一顿干饭十分不易，媳妇往往用笊篱从稀粥中捞取一点干饭给老人和小孩吃，自己则喝稀粥。可以说，笊篱是浙江妇女敬老爱幼朴素美德的见证。

笊篱在浙江地区也常被用作饭店的招牌。旧时乡间饭铺门口多挂一把笊篱，这样做最初是表示店内备有清水素面，因为从锅里捞取面条用的是笊篱。笊篱的功能从捞取食物发展为给饭店做广告，说明其普及和重要性。为什么不使用文字招牌？原因有两方面：在店家一方，因为客店设施简陋，请人写招牌增加了额外的花销，挂个炊具笊篱，不仅显示出店家的朴实好客，而且还能予顾客亲切感，一人先这样做，后来者纷纷效仿，就逐渐形成了风气。在客人一方，这类乡野小店的顾客多为平民，不识字者占大多数，实物招幌比文字生动好记。

6. 菜罩

浙江民间常用的罩菜器物，多为竹编。浙江多山地、丘陵，夏秋两季，农村苍蝇、蚊子较多，菜罩可保护剩饭剩菜免遭苍蝇、蚊子、猫等污染。其形制较多，有方形、半圆球形、圆台形等，不一而足；大小可根据需要制作。顶部有把手，便于提拿，不用时可挂在墙上（图2-14、图2-15）。

二、生火器具

1. 吹火筒

古时，因没有鼓风机等电动器具，所以常用吹火筒或竹扇来生火和提高柴火燃烧率。吹火筒用竹制成，长约一米，打通竹节，使用时嘴对着筒口向柴火吹气。它是浙江民间常用的助燃竹器具（图2—16）。

图2-16　吹火筒（龙游）

在宁波、台州地区，婴儿开始蹒跚学步时，有一种"割脚绊"的风俗。俗信认为，婴儿两腿之间有一条看不见的绳索，不把它割去，孩子将来走不快。割脚绊时先准备好一支吹火筒和一把柴刀，让孩子双腿叉开站立，大人在孩子身后依次把吹火筒和柴刀顺着地面从孩子的胯下扔过去，这样连续三次就算是把脚绊割掉了。[1]

2. 竹扇

浙江地区亦称"火扇"，此称谓大概是源于其旺火之用途。一般用竹篾或棕榈叶编成，也是浙江地区常用的助燃器具（图2—17）。

图2-17　火扇（缙云）

现在，浙江民间大多改用小型的鼓风机或用上了煤气灶，吹火筒、竹扇已不多见。

3. 竹火夹

火夹是农村烧柴火做饭时添减柴火的用具。竹火夹的制作较为简单，将一根竹条从中段用火烤后弯制而成，有弹性，夹取炭火时比较灵活（图2—18）。

图2-18　火夹（象山）

三、竹制茶具

中国茶文化之风韵神采，不仅表现在对"道"（即感情寄托等）的不懈追求，而且还表现在"器"（即茶具）的繁复精美。其中，竹制茶具既丰富了茶文化，又在竹制品中自成体系，是中

---

① 政协台州市文史资料和学习委员会，浙江省台州市民间文艺家协会. 台州民俗大观[M]. 宁波：宁波出版社，1998：70.

国竹文化中的一朵奇葩。

浙江民间竹制茶具品类繁多，以下主要依据唐人陆羽《茶经》和明人高濂《遵生八笺·饮馔服食笺》作一介绍。

1. 茶罗

用于筛罗茶末，剔除其中的粗梗等杂质。《茶经》载："（罗）用巨竹剖而屈之，以纱绢衣之。"

2. 茶合

用于盛放筛罗后的茶末。其形体较小，如《茶经》云："其合以竹节为之，或屈杉以漆之，高三寸，盖一寸，底二寸，口径四寸。"明人用竹编圆筒形提盒来储放茶叶，称为"品司"，是茶合的演变。

3. 竹笼

用于储放茶叶，明代称为"建成"，以竹笋皮制成，"封茶以贮高阁"。

4. 竹篮

专用于盛放煎茶木炭的器具，唐代称"筥"，明代称为"乌府"。据《茶经》，唐代筥高一尺二寸，口宽七寸，亦有以藤制者。

5. 茶铃

炙茶的工具。用小竹条或精铁、熟铜制成。以竹制茶铃炙茶，茶味更加清香爽口。《茶经》载："彼竹之筱津润于火，假其香洁以益茶味。"唐人称茶铃为"夹"。

6. 茶匙

量茶的小勺。唐代多用蛤壳制成，也有铜、铁、竹制的，称为"则"。则者，量也、度也。明代称为"撩云"，多以竹制成。

7. 竹筴

煎茶时搅拌的工具，多竹制，亦有木制者。唐代竹筴一般长一尺，用银裹两头。

8. 茶筅

刷洗茶壶的清洁用具。茶筅的制作十分考究，唐代用棕榈皮或竹篾绑扎而成，形如一支大毛笔，称为"札"（图2-19）。宋徽宗《大观茶论》载："茶筅以觔竹老者为之，身欲厚重，筅欲疏劲，本欲壮，而末必眇，当如剑尖之状。"明代称之为"归洁"，这是就其功能而言。

图2-19　茶筅

9. 茶橐

盛放茶盏的器皿，以竹篾编成，形似口袋，故名。明代称之为"纳敬"，亦为雅号。

10. 都篮

盛放各类茶具的方形箱子，竹篾编成。唐代"以竹篾内作三角方眼，外以双篾阔者经之，以单篾纤者缚之，递压双经作方眼，使玲珑。高一尺五寸，底阔一尺，高二寸，长二尺四寸，阔二尺"。明代称之为"器局"。

11. 茶焙

焙茶工具。宋人蔡襄《茶录》载："茶焙，编竹为之，裹以箬叶，盖其上，以收火也；隔其中，以有容也；纳火其下，去茶尺许，常温温然，所以养茶色、香味也。"

12. 竹炉

炉体为陶或铁质，外用竹编为廓，下或有竹座。宋人杜耒《寒夜》有"寒夜客来茶当酒，竹炉汤沸火初红"句。以浙江湖州所制为佳。

13. 茶筒

杭州地区的茶筒用毛竹做成，农民劳作时装茶水用。"茶筒有大有小，大的三四节，小的一二节，两边作耳环，系上麻绳，携带方便。"[①]

---

① 浙江民俗学会. 浙江风俗简志[M]. 杭州：浙江人民出版社，1986：75.

第三节　家用竹器

一、丰富多彩的竹篮

浙江民间竹篮的品种很多，按照功能、用途，可分为饭篮、菜篮、针线篮、香篮、考篮、春篮等；按照地域，则有杭州篮、遂昌篮、碧湖篮、龙游篮等。各类竹篮的制作工艺不尽相同，有的将竹篾染成不同颜色，成品十分美观；不同品种竹篮的形制也不一样，有的小巧玲珑，本身就是精美的装饰品，有些则比较粗犷。

（一）从功能上区分

1. 考篮

古代读书人用来盛放文具的竹篮，或称书篮或帐篮，又称箧笈、篚格等。明清两代，江浙士子赴京赶考时常用这种篮子携带文具，所以俗称"考篮"（图2-20）。其形以长方体居多，有单层、多层之分，层内区分多格，可于格内分置笔墨纸砚、诗书册卷等，有提手。通体暗红色，四周镶有铜质图案。一般提手外侧均有毛笔写的黑字，如"浙江乡试"、"听琴书屋"之类，前者指明考试级别，后者则是考生自号。考篮是封建科举时代的产物，随着科举制度的衰亡，如今已很少见。

图2-20　考篮

2. 食篮

亦称"下饭篮"或"饼盒篮"（"下饭"为宁波方言，菜的意思），用以盛放菜肴、点心等。通常为上下两层，也有多层多格的。外形有圆筒、方柱、六棱柱等形状（图2-21）。径为四五十厘米，高八十至一百厘米不等，以扁平竹片弯制成提梁，梁上镶铆各色黄铜或竹制雕花环襻，可穿挂在扁担上。提梁两侧多刻花纹和物主的姓名、字号、店名及置办时间。篮体用篾条编织，密实无缝，有的还编织出各种纹饰和图案，做工十分考究。通体漆成朱红或金黄色。篮内各层可摆放盛有菜肴点心的盆盘碗碟。直至新中国成立以前，江浙沪一带许多饭庄、酒楼、食府还常用它来给客户上门送菜。

图2-21　不同形状的食篮

食篮可分为大、中、小三种，大型的主要在结婚、祭神时使用，过去大户人家下聘、迎亲、贺寿、送礼时也常用；中小型食篮多为自用或招待宾客时使用。富裕人家的食篮编织精细、做工考究、形态华贵，一般家庭所用则要简单得多。

3. 香篮

旧时专门用来盛放香烛之类供佛、祭祀用具的器皿，因香烛细长，所以比食篮略长。浙江香篮多为竹编，一般在两层以上，平面为长方形或八角形，篮高24厘米左右，一般通体漆成红褐色。上有篮环，扁圆形，两只环脚钉在篮腰上，有的在环两侧用黑漆写字，一侧是姓名，一侧记时间；篮盖隆起（图2-22）。

图2-22　香篮

祭祀烧香源于古代祭礼，香篮在浙江的盛行与宗教信仰有关。浙江境内寺院众多，寺庙古刹遍布全省，千百年来高僧辈出，这里早在唐宋时即已形成独特的香市民俗，人们手提香篮，或身背香袋，成群结队朝山进香，以祈祷丰收。香篮在旧时是常用器物。

4. 针线篮

放针线、布头及其他缝纫用具的器具。多以细竹篾编成，有圆有方，像是稍扁的无柄竹盘，为浙江民间日常用品。

在宁波地区，针线篮亦称"家空篮"，"空"是反语，财物的意思，如"家具"称为"房空"。有的地区也称"鞋篮"，因

图2-23　针线篮（龙游）

图2-24　挽篮（龙游）

图2-25　圆形竹篮（缙云）

为旧时妇女的针线活主要是制作鞋子，故称。

针线篮在过去也是浙江地区的嫁妆，作为随嫁物品的针线篮制作考究，篮中央还装饰有各类"喜庆"图案（图2-23）。

5. 菜篮

浙江乡民装菜蔬或其他农作物的盛具。菜篮多为竹编，其形制多样，有大有小，有圆形、椭圆形等，有精工编织的，也有较简单质朴的，不一而足。

浙江比较有名的菜篮是衢州龙游的"挽篮"。龙游挽篮为椭圆形，上有扁圆形篮环，四只环脚钉在篮腰上（图2-24）。因其篮体为椭圆形，将篮环挽在手臂上时，半边篮体刚好贴住腰部，不会像圆形竹篮（图2-25）一样前后晃动、不易固定。

（二）从地域上区分

1. 杭州篮

20世纪70年代，杭州篮和西湖龙井、都锦生丝绸一样，是杭州特产之一。浙江人出差到杭州前，亲朋往往嘱托要求买几只杭州篮。据一些老人回忆，那时在杭州城站几乎天天都能看到乘客们拎着大大小小的杭州篮赶火车的场景。除了在浙江外，杭州篮在上海、苏南一带也很吃香，是有名的旅游纪念品，人们来杭州游玩时几乎都会到官巷口转一转，买上几只杭州篮，当时杭州西湖湖滨一带常有小贩挑着杭州篮向游客叫卖（图2-26）。

杭州篮之所以风靡江浙沪，并流传二百多年，据说和乾隆皇帝有关。乾隆南巡至西湖区龙坞镇龙门坎村孙家里时，听见村民家里传出编制竹篮的声音，便随口吟道："手里窸窸窣窣，银子堆满楼角。"地方官员便以此为契机大力发展竹篮经济，编竹篮的手艺人更多了，杭州篮的名声也越传越远，一度成为江浙沪等地人们竞相购买的竹制品。

其实，杭州篮受欢迎的主要原因是，这种竹篮子做工精细，形制美观，实用性突出。第一，选材有度。杭州篮不是用毛竹做的，而是用淡竹、早竹、黄古竹等。一般而言，编织用的竹篾有三种，是用篾刀由外及里将竹子劈成的，即青篾、二篾和三篾，其中青篾和二篾的韧性较好，经久耐用；青篾青中带黄、表面光滑，二篾则黄中带青，两种篾的颜色都很好看。杭州篮大多是采用这两种篾。第二，精工制作。匠人将青篾和二篾劈成每根宽约两毫米的篾条，这样编织出的篮子重量很轻，但韧性非常好，弹性十足，篾条不易断。第三，实用性。杭州篮外形有点像腰

图2-26　卖杭州篮的小贩

鼓，口大底小，东西不容易掉出来，篮环很长，可拎可挎，携带比较方便。第四，多功能性。杭州篮除了可以装菜外，还有其他特殊用途。过去在浙江海盐农村，女人怀孕后，亲戚都要带"蛋篮"，送些鸡蛋给孕妇补充营养。送多少鸡蛋好呢？标准就是装满一只杭州篮。

在嘉兴农村，冬天里随处可见边打毛衣边串门聊天的女人，她们胳膊上都挎着一只杭州篮，里面放着毛线团。

按照温州一带的风俗，大年初六新女婿要携妻挑着金盒或叶篮去给岳父母、舅父母、干父母拜年，俗称"望正月"，以示孝敬。礼物以"红封元宝纸包"为主，内装松糕、捣糕、鱼、肉、荔枝、桂圆等，这些纸包都放在杭州篮里。

此外，在浙江大部分地区，女儿正月回娘家则要提"红桶"（雕花或红漆的小木桶）或杭州篮、小春篮，里面装着熟食，还有用鱼肉佐制的面食或糯米饭。

2. 宁海担篮

担篮，又称"篮担"、"幢篮"，是旧时浙江人上山"加坟"、挑端午担、毛脚女婿送小担，乃至年节送礼时必备的器具之一。其中，以宁海担篮最为考究。

担篮的制作过程十分繁杂，耗工较大：先将竹子剖削成篾

条，再经劈细、过丝、刮纹、打光等工序，将篾条加工成粗细均匀、表面光滑的篾丝，然后运用各种编织方法如十字编、人字编、圆面编、穿插等编织成纹理精细的篮体，接着根据各种需要，在盖面上编织喜字或其他图样，最后装饰篮柄，刻上龙凤等图案。

宁海担篮一般为二至四层，清明"加坟"时，担篮里放有鱼、肉、笋、豆芽、纸钱、香烛等；婚嫁时，担篮两侧贴大红喜字，里面放鱼、肉、笋、蛋、馒头、面干等食品，俗称送"小担"，即新女婿送给女方长辈的礼物；女儿出嫁后的第一个端午节，娘家人要挑担篮给男方送"小鸡"，里面放香袋、麻糍、蚊帐、扇子、鱼、肉等物。随着时代的变迁，这些礼俗渐渐消失，如今在宁海乡间偶尔还能看到担篮，其旧日的功能已废弃，而仅作一般的存储器具。

3. 虾龙圩竹篮

其历史最早可追溯到明朝。据说三墩虾龙圩的"虾龙"原作"虾笼"，是一种捕捉河虾的竹笼。当年朱元璋下江南，行至虾龙圩时，刘伯温看"风水"，说这里要出皇帝与大官。于是朱元璋下令，一是在村边开凿河道，要砍断"龙脉"；二是建两座桥——文星桥和武星桥，让千人踏万人跨以破掉"风水"。待河道开通、桥也造好了，刘伯温一看，不好，虾龙圩中的"龙虾"要顺河水游走，意味着村民要遭灭顶之灾，村庄不保。于是朱元璋又下令让村民们编织大量虾笼罩住村头水口。从那时起，虾龙圩的竹编业就逐渐发展起来。

虾龙圩竹篮一般以小和山小竹和闲林埠毛竹为材料。制作过程不算复杂，主要有劈篾、搭底、编织、杀口、绕轨、串底等几道工序，七八岁以上村民不论男女都会做。

虾龙圩竹篮以实用为主，有丝篮、菜篮、腰子篮、毛土大等四种。

丝篮：规格比较大，一般用二篾制成，工艺比较粗糙，蚕农用来采摘桑叶，如德清、嘉兴、嘉善等地蚕农每年都需要大量的丝篮。

菜篮：比丝篮略小，网眼较稀疏，可过滤泥块等杂质，因此过去农家常用来洗菜。如今塘栖运河边一些人家还用它洗荸荠、茭菇，洗得干净，又方便省时，所以需求量大，产量较多。

腰子篮：又名"元宝篮"，因形似腰子，故名。全用上好的青篾编成，工艺比较精细。因其透气性良好，容量较大，从前上街、买菜、走亲戚都用它，因此又名"上街篮"。

毛土大：金华、诸暨方言中又名"筛谷汰"、"筛撺汰"。圆形、扁平、敞口，农家用来筛谷，工厂、学校、饭店、宾馆等用来洗菜，存菜。

二、筲箕类竹器

1. 筲箕

淘米或盛米、盛饭用的竹器，民间多用。《说文·竹部》："箵，饭器，容五升。"徐锴《系传》："今言箵箕。"段玉裁注："此所谓与筲同字也"《农政全书·农器》："箵，饭箵也……今人呼饭箕为箵箕……皆漉米器，或盛饭，所以供造酒食，农家所先。"清厉荃《事物异名录·器用·箕》："《留青日札》：俗名竹饭器曰筲箕。又筲箕或作箵箕。"

图2-27　淘米箩

按照功能，筲箕主要有两种形制，一种是淘米用的（图2-27），浙江民间亦称"淘米箩"，多为半圆球形，无把，边沿用两圈竹片夹紧，用篾丝或尼龙绳绑固。把米放入箕内，两手抓住边缘将之浸泡于水中并左右晃动，即可去除米中的粉尘。

另一种是盛饭、盛馒头用的（图2-28），又称"饭篮"，宁波地区亦称"冷饭筲箕"，可装剩饭，多为圆肚形，配有穹形盖和竹提梁，可悬挂于吊钩上，以防鼠、虫、猫等动物偷吃，因此也叫"气死猫"或"猫叹气"。宁波、舟山一带，新饭揭锅时，

图2-28　冷饭筲箕

主妇会舀起一碗饭装进饭篮，作为下一顿饭的"饭娘"。由于纯米烧的饭不发涨，需在生米中加一点冷饭，烧出来的饭才松软量多，因此当地人将剩饭称为"饭娘"，意思是有了"饭娘"，自然会生出许多"饭子饭孙"，例如宁波人常讲"剩眼（点）做做冷饭娘"。随着人们生活水平的提高，近年来这一风俗已不多见。

饭篮作为储存"饭娘"的器物，在浙江某些地方被视为"生计"，例如宁波方言里有"饭篮吊起"，指失业或被解聘，意思是断了生计，十分形象。

2. 团箕、团匾

二者都是圆形竹盛器。《说文》："簟，圆竹器也。"钱坫诠："此与团字同用，今俗有团箕、团匾等器。"箕和匾的形制是不同的，《韵会》曰："器之薄者曰匾。"匾乃是圆形、扁平竹器，可用来晾晒粮食及菜蔬、细丝等（图2-29）。团匾在浙北较为常见，当地人用来养蚕，也有椭圆形者。

图2-29 团匾（象山）

浙江的团箕多为半圆球形（图2-30），类似前述"笤箕"，但比笤箕大，直径一般在1.2米左右，边框较深，以盛米、盛饭及晾晒作物为主，也可作为簸器，不用时可挂在墙上。浙江人逢年过节要制作点心、年糕，所需之米粉浆、年糕粉浆较多，如此大物正合用。

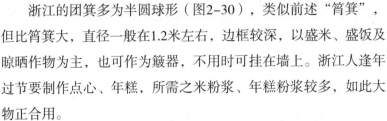

图2-30 团箕（缙云）

三、竹制洁具

1. 竹笕帚

"笕"，最早见于隋朝陆法言《切韵》，释为"饭具"，宋朝丁度《集韵》称"笕帚"，是用粗竹丝扎成的一种短小的帚，用来洗刷碗、锅等厨具（图2-31）。笕帚是闽瓯口语，至今浙南、福建一带仍如此称呼。

在浙江，不同地区的笕帚做法不同，比如衢州一带，是选竹节较长的竹子，将去掉竹节的竹筒破成宽三厘米左右的竹条，稍加削制以使竹条方正一些。再用竹刀把竹条劈成薄片继而劈成竹丝，底端留一段不劈到头，底端留一点不要批到底，劈好薄片后，再劈成丝，批丝也要留五六厘米不批到底。批好丝后，再把薄片彻底分离。这样的薄片要准备几十片。长篾丝编个花箍雏形，把薄片排列好放进花箍扎紧，外面一圈一般把竹青朝外。扎紧后，从中间揳进一个竹楔子，敲紧，竹楔子不仅让竹箍彻底地扎紧，也把竹丝撑张开。最后用刀修整一下，就成了。图中的筅帚的扎箍不是篾丝的，而是包装带编的。有的地区则是用一段有竹节的竹筒，底部带竹节的部分作为筅帚头，把竹筒劈成细篾丝，并保持竹节完整，成品犹如一朵待放的菊花。

图2-31　筅帚（龙游）

竹筅帚是浙江民间常用的洗刷锅、碗等器皿的工具，因方便、耐久、价廉而深受欢迎，至今还有一些村民以制作筅帚为业，有的甚至发展成特色产业，如衢州柯城区九华乡外陈村，226户人中有78户专事制作扫帚、筅帚等竹制品，仅筅帚一年就生产15万至20万只。

筅帚的盛行与浙江民间灶台样式有关，当地的铁锅是嵌在灶台里的，一般不移动。烧焦的饭菜黏在锅里，很难清理，需要用一件既可以清洁铁锅，又可以把脏水排出锅外的工具，筅帚正好满足这两项要求，其坚韧而有弹性的竹丝轻易就能刷掉黏锅的焦饭、排净污水。

2. 竹扫帚

扫地的工具，多用竹枝或棕毛扎成，也叫“扫把”。用一根一米多长的竹竿作把柄，将留有竹叶的枝条捆扎成束，再用宽带子把竹枝束绑扎在把柄的一端，呈扇形。

竹扫帚清扫面积大，遇水不易变形，坚固耐用，最适于清扫操场、马路等，是浙江地区十分常见的一种清洁工具。

四、竹制消暑、取暖器具

在我国人民所使用的各种消暑用具中，竹制品使用时间最长、使用范围最广。浙江民间竹制消暑器物主要有竹夫人、竹席、竹扇等。

1. 竹夫人

又称"竹夹膝"、"竹几"、"青奴"、"竹奴"等，是古时民间消暑的日用器具（图2-32）。

"竹夫人"最早出现在唐代，称"竹夹膝"，唐人陆龟蒙有《以竹夹膝寄赠袭美》一诗，诗云："截得筼筜冷似龙，翠光横在暑天中。堪临薤簟闲凭月，好向松窗卧跂风。持赠敢齐青玉案，醉吟偏称碧荷筒。添君雅具教多著，为著西斋谱一通。"竹夹膝制作精美，当时作为"雅具"，在文人学士中传赠。唐时有"竹几"，白居易《闲居》诗中说"绵袍拥两膝，竹几支双臂"，其中的"竹几"即竹夫人。

"竹夫人"之名出于北宋，它作为纳凉器具，在当时已十分普及。苏东坡《寄刘子玉》诗云："问道床头惟竹几，夫人应不解卿卿。"又《送竹几与谢秀才》云："留我同行木上座，赠君无语竹夫人。"自注云："世以竹几为竹夫人也。"陆游《初夏幽居》："瓶竭重招鞠道士，床头新聘竹夫人。"

图2-32　竹夫人（缙云）

在宋代，"竹夫人"有过许多别名，如"青奴"，黄庭坚认为，作为凉寝竹器，其用于憩臂休膝，似非夫人之职，因而称之为"青奴"，其诗曰："青奴元不解梳妆，合在禅斋梦蝶床。公自有人同枕簟，肌肤冰雪助清凉。"由此又引出"竹奴"之名。方夔《杂兴》诗说："凉与竹奴分半榻，夜将书奶伴孤灯。"另外，还有"竹妃"的别称，如孙奕《履斋示儿编·杂记·易物名》说："山谷喜为物易名，郑花则易为山矾，竹夫人则易为竹妃。"当然，无论叫什么，其功能都不变，不过，最广为流传的还是"竹夫人"一名。

《辞海》释"竹夫人"说："夏天睡时置床席面取凉的用

具，用竹青篾编成，或用整段竹子做成，圆柱形，中空，周围有洞，可以通风。"由此可知，制作竹夫人通常有两种方法，一是截取整段竹，长不超过一米，打通竹节，在竹筒表面凿出网眼以通风散热，常置于床上；另一种是用青竹篾疏织为竹筒，中空，多孔，可搁臂憩膝以取凉。前者较粗糙、简陋且较重，多为临时使用，一般所说的"竹夫人"主要是指后一种。清代赵翼《陔余丛考》载："竹夫人是编竹为筒，空其中而窍其外，暑时置床席间，可以憩手足，取其清凉也。"白天把竹夫人泡在井水里，晚上用的时候更觉清凉，还有的在筒内置两只竹篾编的小圆球，不仅增强了竹夫人的弹性，其滚动还能保持内部的清洁。

除了消暑之用，由于竹夫人形状比较特殊，它在民间又成了"男性的象征"。在宁波地区，嫁妆"十里红妆"中，竹夫人和"子孙桶"（马桶）都是非常重要的器具，前者代表男性，后者表征女性，当地风俗认为，没有这两项，就无法传宗接代，这种风俗是原始生殖崇拜的延续。

此外，在民间，竹夫人还经常和弃妇的形象联系在一起，《红楼梦》里有一道灯谜："有眼无珠腹内空，荷花出水喜相逢；梧桐落叶分别去，恩爱夫妻不到冬。"谜底是竹夫人。大意是说，女子如果不能为丈夫生下子嗣，无论出嫁时多么风光，她仍然难免失宠被弃的命运。届时只有冰冷的竹夫人，陪伴她度过一个又一个漫漫长夜。

2. 竹席（竹簟）

竹席，亦称竹簟，是中国南方常用的避暑器物，至今盛行不衰。

早在新石器时期，我们的祖先就用竹席铺于地上，供吃饭、休憩之用了。到了先秦时期，竹席编织技术逐渐提高，品类增多，大大拓展了竹席的使用范围。当时人们席地而坐，设席每每不止一层，紧靠地面的一层称筵，筵上面的称席，讲究些的则在筵下垫上篷簇。篷簇一般铺于下层，较粗，最上面的铺席较为精细，但均为竹编。《周礼·春官·司几筵》郑玄注曰："筵亦席也。铺陈曰筵，藉之曰席。筵铺于下，席铺于上，所以为位也。"即铺在下面的为筵，加在上面的为席。显然，筵与席，二名为一物。唐孔颖达说："设席之法，先设者皆曰筵，后加者为席，假令一席在地，或亦云席，所云筵席，唯据铺之先后为名。"可知筵席之分别，在铺之先后尔。筵席也是我国古代酒席的代名词："铺筵席，陈尊俎，列笾豆，以升降为礼者，礼之末节也。"就是记载祭祀设筵的情况，此后，筵席一词逐渐由宴饮的坐具演变为酒席的专称了。

《周礼》中的"席"，有不同材质，表征了不同的地位和身份，如《诗·小雅·斯干》："下莞上簟。"簟即竹编之席。再如古有五席，莞、缫、次、蒲、熊。其中，次席就是一种竹席，《文选·东京赋》"次席纷纯"，注曰："次席，竹席也。"

根据资料显示，南北朝后，竹席主要称为"簟"。南朝梁简文帝《七励》："夏则桃笙竹席，冬则青笔金须。"唐朝开始，竹席普遍称竹簟，如唐白居易诗云："日高犹掩水窗眠，枕簟清凉八月天。"宋苏轼《玉堂栽花周正孺有诗次韵》："竹簟暑风招我老，玉堂花蕊为谁春。"

浙江是我国竹席的主要产区，不少地区的竹席久负盛名，如安吉、龙游、临安等地的竹席，早在几百年前就已经闻名天下。

3. 竹扇

扇文化是传统文化的组成部分，它与竹文化、佛教文化有密切关系。

扇子的材料有竹、木、纸、叶、麦秆、草、象牙、玳瑁、翡翠、羽毛等，可谓千姿百态。其中，竹作为主要的制扇材料，可谓源远流长。《方言·杂释》云："扇自关而东谓之箑，自关而西谓之扇，今江东亦通名扇为箑。"[1]《世本》曰："武王作

---

① 扬雄. 方言·杂释.

翠。"[1]从这些记载中了解到，扇古写为"箑"，又作"翣"，别称"摇风"、"凉友"。"箑"从竹、"翣"从羽，从字形上表明，中国早期的扇子是用竹、羽毛制成。目前我国出土的最早古扇文物，大约要算湖北江陵马山1号墓出土的楚地竹扇了（图2-33）。这把竹扇用红、黑双色竹篾编织，为战国时贵族的随葬物。扇面造型为门扇的一半，呈菜刀形；扇柄长40.8厘米，为夏季拂凉功用的短柄手扇。类似竹扇在湖南长沙马王堆汉墓也有发现，形制大抵相同。可见，从战国至汉代数百年间，这类竹扇是当地较为流行的生活用扇，然而它的制作工艺却十分精巧。如湖北楚扇扇面外侧为单层篾编织，内侧为双层篾。篾片制作得薄而细，仅0.1厘米宽，并分别髤以红、黑漆。扇面采用矩纹编织法编织。在矩形纹里又编织出连续的"十"字纹，花纹错落有致，规则而优美，即使在当代也算得上精美的工艺品。

图2-33 楚地竹扇

汉代班固《竹扇赋》云："青青之竹形兆直，妙华长竿纷实翼。杳箓丛生于水泽，疾风时纷纷萧飒。削为扇翣成器美，托御君王供时有。度量异好有圆方，来风避暑致清凉。安体定神达消息，百王传之赖功力，寿考安宁累万亿。"描述了竹扇的材料、制作、形状和作用。晋代浙江诗人许询曾作诗吟咏竹扇，其云："良工眇芳林，妙思触物骋。篾疑秋蝉翼，圆取望舒影。"这把竹扇的工艺非常精巧，扇面为圆形，由竹篾编织而成，薄如蝉翼。此外，还有脍炙人口的故事——"羲之书扇"，其中的竹扇是六角形的[2]。

图2-34 五角竹扇

隋以前，扇子多以绫绢、禽羽、竹篾制作（图2-34）。隋至唐代，出现了纸扇。南宋时，苏杭一带已成为生产折扇的中心。现今，浙江是折扇的主要产地（图2-35）。

图2-35 折扇

---

[1] 战国时赵国史书. 世本.
[2] 《晋书·王羲之传》载：王羲之在蕺山时，一老姥持六角竹扇以卖，羲之书五字于扇上。姥初有愠色，羲之曰："但言右军书，求百钱。"人竞买之。

4. 火熜

火熜，是旧时浙江地区非常普及的一种取暖器具。

浙江的火熜有两种，一种是铜制，习惯上称"铜火熜"，其外形像鼓，圆底，圆盖，盖上有许多圆形小孔，可透气和散发烟雾，其制作考究，使用寿命较长，因此价格较高。另一种是竹制火熜，是陶土做底火熜钵外裹一层竹篾编织的外壳，上安提梁，方便拎放（图2-36）。旧时浙江农村大多烧木柴、稻草，人们就地取材，以砻糠、木屑或木炭为火熜的燃料，上铺一层带暗红色火焰的柴木灰或稻草灰，它们的热量逐渐发散，整个火熜也慢慢地温热起来。竹制火熜价格便宜，重量较轻，外层竹篾壳可隔热，保证火熜的温度适中，不至于烫手，因此比铜火熜更为普及。此外还有一种制作简易的火熜，多见于温州山区，那里冬天极寒冷，人们用细篾编成小熏笼，内包瓦器以蓄火，无盖，有提柄，俗称"鸡熜"。民谣曰："温岭南来气候温，缊袍一领长儿孙。潇潇寒食三朝雨，手捧鸡熜不出门。"

图2-36　龙游火熜（龙游）

火熜最主要的功能就是供人取暖。每到冬天，老人们便人手一只火熜，排坐在一起，晒着太阳聊天。火熜渐渐冷却时，可打开火熜盖，搅拌一下火熜灰或添一些木炭，不一会，火熜就重新热起来了（图2-37）。

其次，火熜还可以用来烘干衣物。在阴雨连天、大雪纷飞的日子里，人们总是借助火熜来烘干衣物，特别是小孩的尿布等。

此外，火熜还能用来酿制美食。在浙江，每当春节临近，家家户户总喜欢酿一甏浆板（方言，即酒酿），浆板是旧时过春节必不可少的待客食品，可以用来煮汤圆、烧鸡蛋等。浆板是用糯米饭酿成的，把拌有甜白药（方言，即酒曲）的糯米饭盛进饭甏，盖上被子，旁边再焐一只火熜，焐上两三天，酒香四溢的浆板便酿成了。

图2-37　笔者奶奶的火熜（象山）

另外，火熜还是过去随嫁的必备之物。女儿出嫁之时，娘家人会把热烘烘的火熜交给红娘，红娘将它放在轿子里新娘的脚边，随同新娘子一起到婆家。火熜谐音"火种"，寓意"香火"，因此火熜一定要畚得旺旺的。在宁波地区，还有一种"倒火熜灰"的习俗。兄弟将新娘送往婆家，中途即回，这时要包点火熜灰，并在火熜中点燃香或香烟，返家置于火缸，俗称"倒火熜灰"，亦称"接火种"。在建德，随嫁品中必备一对火熜，里面放红枣、花生、桂圆、柏子之类，寓意为夫家带去火种。

在萧山一带，冬至日晚上入睡前，一些人家要畚"隔夜火熜"，将火熜焐于被内，俗信以为，次日早晨炭火不熄的话，可兆来年家事兴旺。

随着生活条件的改善，电的大量使用，人们的取暖方式发生了重大变革，空调、油汀、浴霸、电热台板、电热饼等大小家电不断推陈出新，使用起来又干净又方便，以柴火为燃料的火熜就逐渐被冷落了。

第四节　竹制家具

在琳琅满目的家具世界中，竹制家具无疑是一颗明珠，其光芒历经数千年，至今仍点缀着许多乡民的生活。

竹家具种类繁多，按照制造方法大致可分为两类：一类主要是斫削而成，有竹床、竹躺椅、竹椅、竹凳、竹碗柜等；另一类以编织为主，有竹笥、竹箧（箱）、竹帘等。

一、斫削类竹家具

1. 竹床

床是中国较早出现的家具之一。古人有席地而坐的习惯，早期的床既是卧具，又是坐具，人们读书写字、会谈宴饮均在床上进行，因此床要有足够的承载力和牢固性。竹床虽然取材、制作较木床方便、简单，但因其承载力和牢固性比不上后者，所以早期竹床的使用较少。

隋唐时期，人们从"席地而坐"转变为"垂足而坐"，桌、椅、凳等家具逐渐兴起，床主要作为卧具使用，对于其牢固性的要求相对降低，竹床制作简便、体型轻巧、清爽散热等优势得以凸显，逐渐成为人们喜爱的卧具。特别是在竹林资源丰富地区，竹床更是盛行。如在浙江，连架子床（图2-38）也有部分构件是竹制的，像竹编的床盖等。

图2-38　架子床

在古代，竹床多为下层民众所用，如白居易有一次夜宿乡野睡于竹床上，写下了《村居寄张殷衡》，诗云："竹床寒取旧毡铺。"竹床在诗词中还是一种意象，如许浑曾病卧竹床达三年之久，其《病中》诗便有"露井竹床寒"之句；张籍《答元八遗纱帽》云："称对山前坐竹床。"在宋代，竹床的使用更为广泛，如陆游昼寝竹床，曾生出"向来万里心，尽付一竹床"的感叹。

图2-39　两种竹床（象山）

竹床最适合在夏天消暑纳凉。浙江竹床主要有两种（图2-39）：一种是床面固定在架子上；另一种床面可拆卸，用三角竹架（因其形似四足而立之马，亦称竹马）支撑，便于搬运。二者的床面都是由竹片并列制成，表面平整、光滑，两侧或四周以竹筒加固。

2. 竹躺椅、竹椅

竹躺椅和竹椅是浙江民间十分常见的竹家具。走进农家，总能见到几把式样各异、大小不一的竹椅。到了夏天，忙了一天

图2-40　竹躺椅和竹椅

的村民们常常搬出竹躺椅和竹椅，聚集在某个固定的地点，或半躺或坐，聊聊生计，讲讲家庭琐事，时不时发出阵阵笑声和吵闹声，一天的劳累便消散于无形。这是浙江农村夏天常有的景象，竹躺椅和竹椅就是村民们快乐心情的载体（图2-40）。

3. 竹碗柜

碗柜一般为木制，也有竹制的。竹制碗柜相对木制的来讲略显粗糙，但因竹子廉价、取材便利，所以过去竹碗柜是农村大多数家庭的首选，使用广泛。随着经济水平的提高，如今竹制碗柜日渐稀少。

浙江民间竹碗柜（图2-41）的制作工艺以穿插、排列竹块为主，一般高约1.6米，宽约1.2米，分为四层，每层各有四扇可向外开启或滑动的门。门上或碗柜两侧常有一些装饰性的花纹或文字，前者以传统吉祥图案为主，如梅兰竹菊、山水风景等；后者则有"勤俭持家"、"勤俭节约"、"春夏秋冬"等，其工艺以漆画和雕刻为主，形态质朴，寄托了乡民美好的愿望，也反映了他们勤俭节约的优良传统。

图2-41　竹橱柜（象山）

二、编织类竹家具

1. 竹笥

古人盛衣物的竹箱，形制有多种，因其主要功能是放置衣物，相当于现代的衣柜，故又有"服笥"、"衣笥"、"锦笥"、"彩笥"等称谓。此外，在古代，竹笥是基本的家具，故又称"家笥"。

西周时，竹笥主要用来盛放衣物，《尚书·说命中》谓："惟衣裳在笥。"到春秋战国时期，随着编织技术的提高，竹笥被广泛使用，可收纳各类物品。据楚墓挖掘统计，出土竹笥达一百多件，其中放置了衣物、饰物等，主要有方形、长方形和圆形三种，以长方形居多，而且有一部分为彩漆竹笥。后来，人们也常用竹笥来存放书籍，如南北朝诗人鲍照《临川盈王服竟还田里》诗云："道经盈竹笥，农书满尘阁。"

古代竹笥的制作工艺已达到相当高的水平，如江陵望山1号墓出土的一件彩漆竹笥，由两层篾片编织而成，外层篾片细而薄，宽仅1毫米，分别涂红、黑漆，编织成优美的矩形图案。为使之更加牢固，其周边还用内外两圈宽竹片夹住，并穿缠藤条绑固。

2. 竹箧（箱）

旧时盛物竹器，即竹箱，古代大者称箱，小者为箧。

西周时，装头冠的竹箱称为"匴"，《仪礼·士冠礼》："爵弁、皮弁、缁布冠各一匴。"《广韵》："匴，冠箱也。"后又用以盛衣物、扇子等物，故有"箧服"、"箧锦"、"箧扇"等称呼。又笥与箧形制和用途极为相似，故常用"箧笥"连称。

3. 竹帘

帘在古代用途广泛，可障蔽门窗，装饰居室等。《西京杂记》载："汉诸陵寝皆以竹为帘，皆为水纹及龙凤之象。"竹帘可用于装饰皇陵，说明汉代竹帘编织技术已十分高超。竹帘的作用是隔景，由此可造成独特的审美效果，古代文人学士深谙此道，如白居易庐山草堂挂有竹帘，宋人田锡还专作一篇《斑竹帘赋》以颂咏。

竹帘不仅具有实用性，还是一种工艺品。在制作上，人们给竹条着以不同颜色，编织成各种图案，更增加了竹帘的观赏性。在近代，竹帘仍是家居、酒店等场所常用之物。

三、竹制儿童家具

1. 竹马

竹马是用一截竹竿所做的马形玩具，是旧时儿童嬉戏的玩具。早在春秋战国时期就已有竹马的记载，《墨子·耕柱》载墨子游说鲁阳文君时说："子墨子谓鲁阳文君曰：'大国之攻小国，譬犹童子之为马也。童子之为马，足用而劳。今大国之攻小国也，守则农夫不得耕，妇人不得织，以守为事。攻人者亦农夫不得耕，妇人不得织，以攻为事。故大国之攻小国也，譬犹童子之为马也。'""童子之为马"之"马"，是当时儿童嬉戏时的"竹马"，骑竹马，"足用而劳"，夹竹竿曳地而行，名为骑马，实为自劳其足。由此，墨子认为："大国攻打小国，与童子骑竹马同，名为获利，实则劳民伤财。"从上面的言语中，可以说明竹马之戏是当时儿童常见的娱乐方式。"竹马"一词始见于《后汉书·郭伋传》："（公元36年，郭伋）始到行部，到西河美稷，有童儿数百，各骑竹马，道次迎拜。伋问：'尔曹何自远来？'对曰：'闻使君到，喜，故来奉迎。'"西晋张华在《博物志》中载："年五岁有鸠车之乐，七岁有竹马之欢。"说明晋代儿童一般七岁时就开始以骑竹马为乐。

竹马在古代，不仅是一种儿童嬉戏的玩具，而且随着历史的发展演绎，被赋予了更多的含义。

首先，竹马自《后汉书·郭伋传》中的作为迎接人们爱戴的官吏后，常见到人们用儿童骑竹马欢迎郭伋的故事来称颂地方官吏的。如，唐许浑《送人之任邛州》诗："群童竹马交迎日，二老兰觞初见时。"宋苏轼《次前韵再送周正孺》："竹马迎细侯，大钱送刘宠。"清王端履《重论文斋笔录》卷五："先君集中有《依韵答卢石甫明府二律》，皆再任时倡和之作也，敬录于左：'迎来竹马又三年，爱景熏风话果然。'"白居易《赠楚州郭使君》诗："笑看儿童骑竹马，醉携宾客上仙舟。"唐代杜牧《杜秋娘》一诗中也有竹马的诗句："渐抛竹马剧，捎出舞鸡奇。"上述诗句中，所用竹马一词，皆希望诗中之人能像郭伋那样为官清正、深得民心。

另外，竹马也比喻男女儿童在一起玩耍，天真无邪的感情。南朝宋刘义庆《世说新语·方正》记载："帝曰：'卿故复忆竹马之好不？'"这里的"竹马"则代指儿时的友情。唐李白《长干行》诗："郎骑竹马来，绕床弄青梅。同居长干里，两小无嫌猜。"以竹马、青梅比喻男女间纯真的爱情。"青梅竹马"一词也成为男女纯真爱情的代名词。

再者，竹马作为儿童玩乐的器具，所以竹马也成为童年、童心、幼稚的代名词。一些文人学士常常在诗文中以竹马为喻，借以抒发对无忧无虑孩提时期的追忆之情。如，韦庄在《下邽感旧》诗曰："昔为童稚不知愁，竹马闲乘绕县游。"又《途次逢李氏兄弟感旧》诗曰："御沟西面朱门宅，记得当时好弟兄。晓傍柳阴骑竹马，夜隈灯影弄先生。"

2. 竹摇篮

竹摇篮（图2-42）是浙江地区较为常见的竹制品，主要供婴儿睡觉。篮体用竹篾编织，四周竖有几根篾条，可挂蚊帐。底架用木条搭建，底部做成弧形。妈妈们用脚踩踏摇篮底部的木档，摇篮就会轻轻摆动。

图2-42 摇篮（象山）

由于摇篮只供婴儿使用，一旦小孩长大，摇篮便被搁置，为了提高摇篮的使用率，亲戚邻里常常相互借用。因为篾制品的修补较为简单，加之木架坚固耐用，一张摇篮通常可以使用几十年而不坏。

3. 竹制童椅

浙江民间还有一种儿童专用的竹制童椅，又称"母子椅"。该童椅充分利用竹子的特性，以粗细不同的竹子穿插组合制成，可以两用，既可作为儿童座椅，供幼儿跨坐其中，翻转过来又成为一般的竹凳，设计相当巧妙（图2-43）。

图2-43 童椅（余姚）

第五节　竹制交通用具

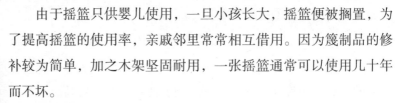

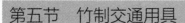

1. 竹筏

竹筏是我国民间的水上交通工具，其历史很悠久。《诗经·邶风·谷风》言："就其深矣，方之舟之"，方就是竹木筏。《越绝书》有"方船设泭，乘桴洛河"的记载，泭、桴皆是竹木制的筏。

竹筏又称"竹排"，顾名思义，即把毛竹排列捆绑而成。竹筏一般长约10米，宽约3米。小筏用5—8根毛竹，大筏用11—16根。首先要加工竹子：先削去竹子表皮，用火将较粗的一头烤软，并按一定尺寸弯曲作为筏头，然后将整根竹子涂上防腐汁液，干燥后再涂多层桐油。接着是组搭竹筏：先做好支架，将加工过的竹材在支架上排好，其下横置四五根粗竹作为横档，一人在上，一人在下，用藤条或粗绳绑紧扎牢即可。成品前头上翘（也有前后都上翘者），便于分水。

当前，我国不少竹区仍在使用竹筏运输竹材等货物，尤其是浙江等竹资源比较丰富又有江流之便的地区。每到运竹材的黄金季节，只见成千上万的竹筏成排成阵，万竹争流，景象极为壮观。随着交通的发展，过去主要用于载货渡河的竹筏逐渐丧失了昔日的地位，不过，随着旅游业的兴盛，竹筏具有了新的功能，如浙江的许多旅游区推出乘竹排观赏风景或乘竹筏漂流的活动项目，图2-44就是莫干山旅游区的竹排。

2. 竹船篷

乌篷船，是绍兴水乡一道独特的风景。绍兴乌篷船起源于何时，已无从查考。南宋陆游《鹊桥仙》词中写道："轻舟八尺，低篷三扇，占断蘋洲烟雨。"其中"轻舟八尺，低篷三扇"指的就是绍兴乌篷船。

绍兴乌篷船船身为木舟，船舱覆盖若干扇半圆形船篷。制作船篷时，先用竹条弯成拱形，一扇船篷一般有三道拱，再以竹片或竹丝编成底面，中夹竹箬，两侧夹以扁竹片，用竹丝或藤条绑扎固定。上涂桐油黑漆，使整个船篷呈黑色。绍兴方言将"黑"称作"乌"，故称"乌篷船"。船篷的多少以船的大小为度，有五至十一扇不等，其中有固定的，还有可活动的，后者可自如开

图2-44　莫干山旅游区的竹排

图2-45 绍兴乌篷船

启，便于乘客上下。图2-45是笔者调查绍兴时拍摄的乌篷船，有五扇船篷。

3. 竹轿

竹轿，是中国古代特有的人力交通工具，也是行走山道最重要的交通工具。其起源可追溯到夏朝，《史记·河渠书》引《夏书》曰："禹抑洪水十三年，过家不入门。陆行载车……山行即桥。"这里的"桥"就是"竹轿"。

说到竹轿的发明，首先，在古代，自然环境对交通方式有重要的甚至是决定性的影响。浙江境内丘陵众多，层峦叠嶂，多产竹材，结合山道崎岖不平、曲折蜿蜒的特点，人们充分利用丰富的竹林资源，制作大量轻便的竹轿，以满足山道交通的需要。其次，竹轿之盛行不衰与其安稳舒适、无车马劳顿之苦有关。所谓"轿，谓其平如桥也"。

浙江的竹轿形制多样，名称各异，如"滑竿"、"篮舆"、"竹篼"等。滑竿流行于山区，其形制类似两根长竹竿绑扎成的担架，中间用绳索编结成坐兜或置一竹椅为座，前垂踏脚板。乘者可半坐半卧，前后由两名轿夫肩抬以行。因竹竿有弹性，随着轿夫的步伐而有节奏地上下颠动，可减轻乘者的疲劳感。

图2-46 缙云竹轿（缙云）

篮舆（图2-46），制作考究者也称"轿子"，其座位形似藤椅，后方立一竹架，架上可罩布篷以遮阳；藤椅左右绑扎在两根长竹竿上，也是由两名轿夫一前一后扛抬，又名"过山龙"。制作粗放的一种，其座位是用竹篾编成，宽约0.7米，长2米，前沿低，后沿高，形似摇篮，可躺卧，亦可坐靠，前后穿底套两根棕索以套扛棒，扛棒上披篾帘以遮阳挡风。后者在过去主要是乡下老弱的交通工具。宋朝诗人陆游入闽途经龙游县湖镇时乘的就是"篮舆"，其《夜行宿湖头寺》云："卧载篮舆黄叶村，疏钟杳杳隔溪闻。"

竹篼，主要见于温州山区，俗称"篼"。其座位是一把竹躺椅，躺椅两侧紧紧地绑扎有两根长竹竿，篼夫一前一后肩扛，

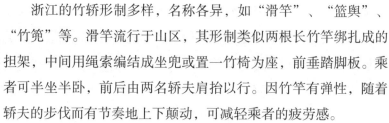

竹竿上立有竹架，可支起篾篷，或罩以帆布，或撑起大纸伞，以遮阴蔽雨。过去山区人民到城镇请医生多带筅，筅至，医生就不便推辞。在今楠溪江和雁荡等景区，常见游客坐筅观景（图2-47）。

第六节　竹制占卜用具

旧时，婚嫁、丧葬、祭祀、驱鬼、出行、播种、迁徙、建房等重大活动前夕，都要进行占卜，以预测吉凶。民间占卜之法繁多，占卜工具各不相同，其中有不少是竹制卜具。浙江常见的竹制占卜器具主要有杯珓、竹签等。

1. 杯珓

珓，就是蚌壳，其壳如杯，故称杯珓。早期做法是将两只蚌壳掷向空中，据其俯仰以断休咎。后来不专用蚌壳，而改用竹、木做成蛤形，因此也称"杯筊"或"栝筊"，如宋程大昌《演繁露》："杯珓，用两蚌壳，或用竹根。"叶梦得《石林燕语》："高辛庙有竹栝筊，以一俯一仰为圣筊。"

图2-47　旅游区的竹轿（莫干山）

唐朝兰溪诗僧贯休《禅月集》中有《咏竹根珓子》，其诗曰："出处惭林薮，才微幸一阳。不缘怀片善，岂得近馨香。节亦因人净，声从掷地彰。但令筋力在，永愿保时昌。"说明唐时浙江一带占卜所用之杯珓乃是竹制。

在浙江，杯珓是民间拜神问吉凶的器具（图2-48）。笔者年少时，曾陪同外婆去庙里问卜，常见的杯珓多为竹制，形似半月，外凸内平。掷杯珓时，凸面朝上者称为"阳杯"，平面朝上者称为"阴杯"，一阴一阳就叫做"圣杯"。

2. 竹签

拜神求签以预卜吉凶祸福，是民间常见的一种文化现象。浙江地区多数庙观内都备有签筒、签簿，筒中放有若干竹签，其上标有签号（图2-49）。问卜者跪拜神佛并默默祈祷，双手摇动几

图2-48　杯珓

图2-49　竹筒签

下签筒后抖落一支，根据签号翻检签簿上的签文，随即可请专人解签。

签文分为上、中、下三类，每类又分上、中、下三等，形成九个等级，凶吉各不相同，最佳为上上签，最差为下下签。签文一般为五言或七言诗文四句，可解答问卜者的疑问。因此，浙江人也把求签这一行为称作"求签诗"。"在浙江舟山，仿照求签方法，在家里自备签筒，以筷子作签，这是渔民妻子儿女用来卜渔船归期的。旧时渔船出海常日久不能归家，家人焦急，就在家中以插竹筷的筷筒来求签，求者手捧筷筒，默默祈祷，一边摇动筷筒，直至摇出筷子为止。摇出一支筷，即预示一天后船可到家，摇出二三支筷，二三天后船可归来。"①

---

① 姜彬：吴越民间信仰民俗. 上海：上海文艺出版社，1992：102.

第三章　生产用竹器物

衣冠服饰、炊饮器物、家具玩具等日常生活用品都与生产实践所创造的物质条件有关。生产这一人类的基本实践活动是一切物质财富产生的基础，直接反映了人类在一定历史阶段利用和改造自然环境所达到的水平及社会生产力的程度和性质，并且表现了人类对自然的认识、对待自然的态度，以及改造自然和创造自然的情感方式、思维模式及价值理想，是物质文化中最富有活力和创造性的一个要素。

浙江由于地形复杂，山林湖泊众多，使得传统文化曾长期滞留于自给自足的小农经济的阶段，农业生产是整个社会最为主要的生产实践活动，在经济中占有重要地位。同时，由于生产力水平的低下，主要以个体家庭为生产单位的手工业，在人民生活中亦有不可或缺的作用。此外渔猎、养蚕、纺织作为人们生活资料的补充而存在。在上述的各行各业中，均有相当一部分生产工具是由竹材制成的。可以说竹制生产工具遍及浙江传统生活的各个生产部门和诸多生产的全过程，构成了一套独具特色的生产习俗和生产规则，表现了浙江人民认识自然、改造自然的智慧、勇气和理想，构成了一道富有浙江特色和韵味的文化景观。

在浙江地区的各类生产中，利用竹子制作的各种生产工具是非常丰富的，如农业中所用的竹筛、箩筐、竹耙、蚕匾、畚箕等，水利中用的筒车，抗洪用的竹笼等，交通运输中所用的竹轿、竹筏等，捕鱼用的鱼篓、鱼笱、竹簖等，狩猎用的竹吊、竹夹等。不一而足，难以尽数。

第一节　竹制农具

在浙江以水稻种植为主的农业生产中，处处可见竹制农具的身影，播种、中耕、灌溉、收割、加工、装运等环节，都用到大量的竹制农具。下面依照生产环节，逐一介绍相关竹制农具。

一、竹制中耕农具

中耕除草，又称"耘田"，是水稻田精耕细作极重要的环节。一般中耕除草至少要有两次，在分蘖期进行。竹制耘田器具主要有耘爪和耘荡（盪）等（图3-1）。

1. 耘爪

又称"鸟耘"，始于唐代江浙一带。为了解决手耘损伤手指的问题，古代劳动人民发明了鸟耘，唐陆龟蒙《象耕鸟耘辨》描述："耘者去莠，举手务疾而畏晚，鸟之啄食，务疾而畏夺，法其疾畏，故曰鸟耘。"元代王祯《农书》载："耘爪，耘水田器也，即古所谓鸟耘者。其器用竹管，随手指大小截之，长可逾寸，削去一边，状如爪甲；或好坚利者，以铁为之，穿于指上，乃用耘田，以代指甲，犹鸟之用爪也。"

2. 耘荡

始于元代江浙地区，又称"耥"。王祯《农书》："耘荡，江浙之间新制也。形如木屐而实，长尺余，阔约三寸，底列短钉二十余枚，篾其上，以贯竹柄。柄长五尺余。耕田之际，农人执之推荡禾垄间草泥，使之淹溺，则田可精熟，既胜耙锄，又代手足（水田有手耘足耘），况所耘田数，日复兼倍。"耘荡将农民从手耘、足耘中解脱，使他们免于匍匐泥淖、佝偻折腰之苦，大大降低了耘禾的劳动强度，而且极大地提高了耘田效率。

明代时对耘荡、耘爪加以改进，如徐光启《农政全书》中的耘爪，不仅增加了长竹柄，还将原来分别套于五指的竹管整合，

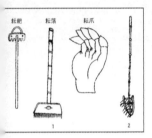

图3-1　1.王祯《农器图谱》中之耘耙、耘荡和耘爪
　　　　2.徐光启《农政全书》中之耘爪

做成类似小耙的一个部件，的确使用"更为省便"。

到了近代，插秧越来越密，耘爪和耘荡也越来越不适用，随着它们的逐渐消失，手耘又重现了（图3-2）。

图3-2　重归用手耘田的近代农民

二、竹制灌溉农具

1. 竹笕

这是一种用竹筒连接起来的、用于引水的器具，是旧时山区百姓取水灌溉农田的主要工具。

竹笕又称"连筒"，王祯《农书》载："连筒，以竹通水也，凡所居相离水泉颇远，不便汲用，乃取大竹，内通其节，令本末相续，连延不断，阁之平地，或架越涧谷，引水而至。又能激而高起数尺，注之池沼及庖湢之间。如药畦蔬圃，亦可供用。"这段描述不仅记录了竹笕的制作方法，还说明竹笕的发明是顺应山地自然环境的结果。因竹圆而能通，将之连接制成长龙般的引水管道，可铺设于山川平地之上，架设于崖涧峡谷之间，解决了人工上山下谷取水的难题。

浙江早在唐代就已经使用竹笕引水，如白居易《钱塘湖后记》载："钱塘湖一名上湖，周回三十里。北有石函，南有笕。凡放水溉田；每减一寸，可溉十五余顷；每一复时，可溉五十余顷。先须别选公勤军吏二人，一人立于田次，一人立于湖次，与本所由田户据顷亩，定日时，量尺寸，节限而放之。"宋代苏轼《独游富阳普照寺》诗云："连筒春水远，出谷晚钟疏。"

竹笕溉田之法经济便利，不少山区至今还在使用（图3—3）。

图3-3　竹笕引水灌溉

2. 戽斗

戽斗有可能是最早的灌溉农具。浙江吴兴钱山漾新石器时代遗址曾出土一件木质器皿，有人认为这就是所谓的"罱泥戽斗"。王祯《农书》："戽斗，挹水器也……凡水岸稍下，不容置车，当旱之际乃用戽斗。"

戽斗有两种，一种以柳筲或木罂做斗，"控以双缚，两人掣之，抒水上岸，以溉田稼"（《农书》）。还有一种是单人操作的，其斗用竹篾编成，斗上装柄。因其小巧便利，弥补了水车之不足，至今仍在使用。

3. 桔槔

图3-4 古代桔槔

俗称"吊杆"，亦作"桔皋"，是一种原始的井上汲水工具（图3-4）。它利用了杠杆原理，在支架上横置一根细长的竹竿，以竹竿中点作为支点，竹竿一端悬挂重物，另一端悬挂水桶。用时依靠人自身的体重向下用力将水桶拽入水中，再借助杠杆末端的重力作用，轻易便能把装满水的水桶提拉上来，极大地节省了人力，减轻了提水的劳动强度。

桔槔早在春秋时期就已相当普及，文献中又作"颉皋"，始见于《墨子·备城门》。浙江一带很早已使用。如《淮南子·氾论训》："斧柯而樵，桔皋而汲。"唐陆龟蒙《江边》诗："江边日晚潮烟上，树里鸦鸦桔槔响。"笔者在宁波奉化滕头村公园内也看到了作为展示用的桔槔提水装置（图3-5）。

图3-5 奉化滕头村的桔槔

要用桔槔提取井水，水面到井口的距离不能太大，水面距离井口太远时就无法使用。对于这种情况，先民发明了辘轳提水的方法，如《齐民要术》："井别作桔槔、辘轳。"并注释说明："井深用辘轳，井浅用桔槔。"唐宋以后，辘轳使用更为普遍，如王祯《农书》："凡汲于井上，取其俯仰则桔槔，取其圆转则辘轳，皆汲水械也。然桔槔绠短而汲浅，独辘轳深浅俱适其宜也。"辘轳适用于深井浅井，不过其滑轮只能改变用力方向，而不能节省人力。

4. 筒车

又称"水轮"，最早出现在晚唐，是提水机械，用于灌溉稻田。

按照提水的高度，可将筒车分为两类，一类是一般的筒车，适用于平地，或河岸不高的地形。制作时，先以木或竹制成一架大型立轮，用两段横轴将立轮架起，接着在轮周斜装若干小竹筒即成。由于轮的下部浸在水中，小竹筒中灌满了水，随着水流带动轮子转动，轮的下部转到顶部时，小竹筒就会自动将水倾泻入木槽之中（图3-6）。

图3-6 筒车

另一类是高转筒车，其提水高度较一般筒车加高，需借助湍急的水流来带动轮子转动，利用水力来把水引到高远之处，适用于水面低而岸很高的地形。高转筒车发明于唐代。刘禹锡《机汲记》形象地描绘了高转筒车的形制和功能，此外，陈廷章《水轮赋》也赞颂了高转筒车的作用。

图3-7为王祯《农书》收录的高转筒车。它以人力或畜力为动力，上下都有木架，各装一个木轮，下端的轮子半浸入水中。轮径约4尺（按：明代1尺约合0.32米），轮缘旁边高、中间低，当中做出凹槽，以增加轮缘与竹筒的摩擦力。两个轮子之间用竹索相连，竹索上固定有若干竹筒，间距约五寸。竹索下有木架，上安木板，以承托装满水的竹筒的重量。竹索是高转筒车的传动件，转动上轮，带动竹索，下轮随即转动。随着竹索的滑动，兜满水的竹筒移动到上轮高处时就将水倾泻到水槽内，如此循环，即实现了在高岸上从低水源地区取水的目的。

图3-7 高转筒车

随着技术的发展，筒车这一工具如今已不复使用，只在公园或博物馆中还可以看到作为展示用的筒车的身影。

三、竹制加工农具

1. 连枷

这是早期的一种脱粒工具，是从原始的用来敲打谷穗脱粒的木棍发展而来。这种木棍由两部分组成，其形制是以一根长木棍作为把节，把节一端系一截短木棍，挥动把节，利用短木棍的回转惯性连续击打禾秸谷穗使之脱粒。此后，短木棍演变成一组并排的竹条或木条，这件工具就是连枷。《国语》卷六《齐语》记："令夫农，群萃而州处，察其四时，权节其用，耒、耜、枷、芟。"《释名·释用器》："枷，加也，加杖于柄头以挝穗，而出其谷也。或曰罗枷三杖而用之也。"

连枷多为木制，如王祯《农书》说："连枷，击禾器……其制用木条四五茎，以生草编之，长可三尺，阔可四寸。又有以独挺为之者，皆于长木柄头造为擐轴，举而较之，以扑禾也。"因其材料不易保存，考古实物罕见，只能在一些壁画上见到它的形象。在浙江，连枷多用毛竹制成。制作时，先准备四至八根宽约一寸、长约一尺的竹条片，将之排列整齐铺好，打三四道箍扎制成枷板。接着选一根两米来长的带根部的竹竿作为竹柄，在其根部实心处钻一孔，孔中插一根竹制榫头，然后将枷板固定在榫头上即可。启用前用水打湿或浸泡枷板，可增加其韧性。

过去，在浙江，每到收割时节，中午时分，打稻的人头戴草帽，在烈日下一字排开，人手一把连枷，他们齐举竹柄，让枷板翻转过来，再用力地拍击稻穗，稻壳便纷纷脱落。尽管没有号令，人们挥舞竹柄、击打稻谷的步调却是一致的，只见一排连枷同起同落，浑然一体。与范成大《四时田园杂兴》描述的"笑声歌里轻雷动，一夜连枷响到明"的场景虽相隔千年，却同臻妙境。

20世纪70年代开始，浙江广大农村逐步推广小型脱粒机，乡民们聚在一起打连枷的场面日益少见，连枷也随之几乎绝迹。

笔者考察龙游县沐尘乡木城村时，在一户农家的阁楼角落看到此物，只见灰尘满布，显然已多年不用。主人好客，知道我是来考察的，就拿着连枷给我作示范（图3-8）。

2. 稻桶

这是一种打稻脱粒工具。其形以方形为主，上宽下窄，上口边长115厘米左右，下边桶底宽约80厘米，高约60厘米。打稻时，为了防止稻谷向外溅出，还得配上稻桶床和稻桶竹簟。稻桶床是一只大小和稻桶配套的"床架"，用粗竹爿制成，形似竹梯（图3-9），将稻桶的一边用木档搭在稻桶床上，另外三边则用稻桶簟围住，在宁海称之为"遮阳"（读音）。稻桶底下放两条前厚后薄的木条，串上两条绳索，叫桶拨，打一阵后，用人力向前拉。所以收割时，前面的人只管割稻，后面的人只管打稻（脱粒）。稻桶一般可供两人搭班使用。打稻时每人双手紧握一束稻把，你一下、我一下，使劲地摔打在打稻桶床上，打下来的稻谷就落在稻桶里。一束稻打头几下时会发出很响的"嘭嘭"声，这是谷子撞击稻桶床的声音。稻桶也有呈倒圆台形的，该稻桶形制较小，开口处较窄，一般只供一人使用（图3-10）。

在浙江，稻桶不仅是生产工具，也是民间文化的载体之一，其最集中的体现就是稻桶上的文字。这些文字多是请本地有文化、善书法的先生书写，其内容大体有四方面（见表3-1）：一是所有者的名讳。新中国成立以前，稻桶都是私家农具，在上面书写所有者的名讳可资识别。实行农业生产合作社期间，稻桶上的字多半是生产合作社或生产队的名号。二是祈愿丰收。三是宣传爱惜粮食。二、三两种以四字词组居多。四是置办时间。其中，前三种文字以楷书居多，偶用行、隶，笔墨浑厚、气势恢宏，第四种的字体一般较小。

图3-8　竹连枷（龙游）

图3-9　稻桶床架（龙游）

图3-10　农民打稻场景（龙游）

表3-1　浙江稻桶文字

类　　型	文字内容
一、所有者名讳	七八房、五桂堂、×××生产合作社、×××大队×××生产队
二、祈愿丰收	五谷丰登、年岁丰盈、丰稻乐收、满载而归、珠落宝盆、岁取十千、大田多稼、稼穑呈祥
三、宣传爱惜粮食	颗粒归仓、农乃吾本、乃积乃仓、椒载南亩
四、置办时间	×年×月×日

图3-11　电动打稻机

图3-12　搬运稻桶

　　20世纪50年代后，稻桶的结构有了较大的改进，稻桶床改为嵌有硬铁丝扎成三角形齿钉滚筒，人在踏脚板上使劲地踏，借助齿轮的转动，人只要将稻禾放在上面，不断地翻动，谷粒就会很快脱下。从脚踏打稻机到柴油打稻机、电动打稻机（图3-11），再到现在的联合收割机，几千年的农耕社会、稻作文化流传下来的稻桶，悄然退出了历史的舞台，只有在偏远的山区，老屋的楼梯下、弄堂角落里或者是民俗陈列馆里偶尔还能看见它的身影。但是，稻桶还是有用武之地，特别是在山区。那些散落在山脚、山岙的小梯田，因为脱粒机搬运不便，就轮到稻桶显身手了。稻桶体积较大，分量也较重，要搬运上山也不易。但农人有智慧，他们把稻桶倒过来，往桶内斜撑一条扁担，这样稻桶就稳稳当当地担在肩上了。人被罩在桶里，远远看去就像是一个方木桶自个在山坡跋涉（图3-12）。

　　在浙江，水稻是人们生活之根本，稻桶作为收割的工具，颇受人们的尊重，其中也产生了一些习俗。如在慈溪一带，割稻完毕要祭稻桶神，地点多在竖起稻桶的田埂上，供品16碗，讲些吉利话。扛稻桶去田头，忌两人抬，而是要一人顶稻桶，意为顶天立地，顶稻桶时桶口要朝下，宜由属马的人顶，意为马能吃谷，稻桶会生谷，不会受饥荒。稻桶放下，口朝自家田，而不能向天，意为稻桶像畚斗那样把谷畚进来。割稻时打稻桶四角禁止人坐，稻桶竖立时桶口忌对北方。在杭州郊区一带，秋收冬藏以后，还有让农具休息的风俗，称为"挂红"。在腊月二十八、二十九日，将方块红纸写上"福"字，贴在稻桶、风车、谷柜等大农具上；锄头、镰刀、扁担等小农具用红纸条贴上，有的还要挂一副元宝锭，以镇魔辟邪。在浙江，人们还把北斗星称为稻桶星，在七夕之夜，大人们常叫小孩念"七巧扁担稻桶星，念过七遍会聪明"的绕口令，是夜要把端午节所系的"长命缕"剪下抛掉，据说让鸟雀啄去造"桥"，小孩就会聪明，也谓"乞巧"。

稻桶与绍兴越剧。"八只稻桶翻过来，八块门板搭个台。"稻桶跟中国第二大剧种——越剧有极深的渊源。1906年春节，绍兴嵊州甘霖乡东王村李世泉、李茂正等人采纳听众的意见，决定放下"三跳板"，搬开"走台桌"，试着像演戏那样说书。他们在村里的武状元程秀锋家举行了试演。演出的剧目是《十件头》，艺人们没穿戏装，也没有化妆，脱离了古老的程式，尽管走不开台步，做不出动作，还出现了抢说白的状况，十分好笑，但由于身手得到了解放，艺人们在台上很活跃，最终赢得了观众的叫好声。之后，李世泉邀集高炳火、钱景松等艺人，经过精心准备，于农历三月初三在东王村香火堂前用四只稻桶垫底，上铺门板，做成了史上第一座越剧舞台，并正式演出。此前表演了几十年的"落地唱书"在这座稻桶舞台上升华成"戏"，东王村也因此成了越剧的诞生地。该村的香火堂前至今还摆放着几只旧稻桶，它们是越剧百年历史的见证。

稻桶与拜斗会。古人认为谷物丰收全赖谷神保佑，因此每年春、秋两季必举行一次祭祖活动，以祈求和报答谷神的保佑，名为拜斗，实系赛神。"一年耕种长苦辛，田熟家家将赛神。"这句诗出自唐代诗人张籍的《江村行》，写的正是古代江南拜斗赛神的风俗。

在浙江金华一带山区，至今仍保存着拜斗的风俗。拜斗会一般在春、秋两季的社日举行，如《金华府志》："社日，四乡各有禳祭，祭土谷神。"以祈求和报答五谷神的保佑。不过在东阳，当地人认为谷神非一，因村而异，因此拜斗亦无定期，有夏至、六月六等。"夏至，凡治田者，不论多少，必具酒肉，祭止谷之神。"有的是六月六，"六月六，农家复相谷神，谓之六六福"。①

在拜斗会上，稻桶是非常重要的祭祀器物（图3-13）。民间相传五谷神降临人间不居庙堂，而是附于稻桶之上，故无祠宇。所以初始只在祭祀时，将稻桶披红挂绿，置于坛上受祭。稻桶俗称"金珠斗"，故称此仪为"拜斗"。后由于稻桶笨重不便移动，又不雅观，以及后来的传承演化，成为以彩纸锡箔制作的"稻桶斗"，再后则又进化为以稻桶形为下部基座，上部制成台阁，中间四壁以大红彩纸为底，镶以金纸锡箔制成的橘、梨、莲、鱼、蝙蝠等吉祥物剪纸的图案，图案多为橘子和梨子，含"吉利"之意，当中大书一字，连同四壁三字合成一句祝愿之辞，如"五谷丰登"、"风调雨顺"、"国泰民安"、"年丰岁祥"之类。再后来，在传承中又派生出元宝斗、纱帽斗、圆桶斗等等，分别状如元宝、纱帽、圆桶，均是稻桶的变化。各种斗做工十分讲究、细致、精美，有极高的观赏审美价值。拜斗也是金

图3-13 拜斗会场景

① 东阳县志.

华地区习俗文化较为隆重的一类。

拜斗大都在农历七月中旬，此时早稻已经进仓，农事较闲，具体日期择定，很讲究祝愿避忌。多选带有"二四六七十"等数的日子。四、六谐音"喜"、"禄"，十为单数之满，有彩头。二、七，当地口音为"两"、"切"，谐"量"、"吃"，当地童谣有"两、两，有米量；七、七，有饭吃"之说，自然也是好日子。力避带有"三"、"五"的日子，"三"、"五"谐音"丧"、"无"，不吉利，而月半却除外。最忌之日是初三，"初三"谐音"出丧"，是绝对回避的。像东阳马宅镇的屠良村，选在七月十二日，"十二"讨"实粮"之彩。雅坑村却迟在农历九月初十，这时候熟玉米管理基本结束，雅坑是大村，人多，拜斗规模大，此时最好，又初十谐"出实"音，讨"所括必生，所获必实"之彩。拜斗大都在晒谷场举行，祭坛台由数张八仙桌临时拼合而成，上彩斗六尊，一大五小，大者代表司五谷之神，小者各代表谷、稷、麦、黍、菽各神。此地稷类种得极少，所以也有免去稷神的，那就只制五尊彩斗，一大四小。参加祭祀仪式的都是壮年女。也有上了年岁的，一般作指导。男人不准参加，只在一边帮杂差，放爆竹，敲锣鼓，呐喊，维持观众秩序。坛前放供桌，供品为百谷、百果、百花，都要凑足百样之数。长长的供桌排得密密麻麻，姹紫嫣红，琳琅满目。祭坛左右，分别栽有两棵"摇钱树"，枝上缀满锡箔纸制作的"金银元宝"，左为柏树、右为竹子，取"百样富足"之意。

拜斗仪式开始，妇女们结队在燃着的稻草堆上跨过，谓"熏火浴"，消除身上秽气。主持者点燃第一根蜡烛，男子们便放起爆竹、敲锣打鼓，观众云集而来，围成一个圈子。此时，一壮年妇女装扮谷神，于坛前尽情跳舞，众女列队，持香跪拜。木鱼声起，便向谷神念谢恩之诗。念毕，齐声唱歌。慢慢地，场外观众也跟着一起唱。然后，有善舞者双手举着插有鲜花的橘子和梨，成双成对地跳舞，状插秧、收割之态，生动多趣。

舞毕，是串戏文，节目是《唐僧取经》，男女合演，不化妆，插科打诨，随机应变，能逗人快乐便行。戏演毕，由善戏好歌者，自告奋勇，进场即兴串戏。所串大都为滑稽之作，充满谐趣，场里场外，男女老幼，无不捧腹。

3. 晒簟

亦称"晒垫"，是用于晾晒农产品的竹席。其形制较大，呈长方形，宽约两米，长三四米，不用时可卷起，工艺较为粗糙。

晒簟是过去浙江地区晒谷的主要用具。使用时，铺平晒簟，即成临时"晒场"。一到农忙季节，遍地铺满晒簟（图3-14）。20世纪80年代以后，一些农户修建了水泥晒场，晒簟渐少，不过仍有一些农户喜用晒簟晾晒作物，这主要是因为它使用方便，只需依次扯起四角，便可汇拢谷物。特别是赶上雷雨天气，用晒簟可以快速收集谷物，避免淋雨。

图3-14　晒簟（缙云）

除了晾晒谷物，晒簟还曾被用来搭建临时剧场。过去，浙江大部分农村每年都举办"社戏"，请越剧团来表演，需临时搭建剧场，这时晒簟就成了最好的材料。"四壁篾夹成，晒簟搭草棚，坐凳几根树，看戏挤死人。"这首民谣形象地描绘了当时"露天剧场"的形制。如今这种露天表演的社戏渐少，只偶尔还能见到，不过所用的已不是晒簟搭成的剧场。

4. 簟棒

其形制就是一根竹棒，似人高，用于翻晒谷物。

晾晒谷物要充分，因此，每每晒到一定的时间，农妇们便顶着烈日，用簟棒在稻谷上划出一道道圆弧，这样做不仅增加了颗粒间的空气流动，也加速了水分的蒸发，谷物得到翻晒，到傍晚便基本干透了。

5. 谷耙

这是一种“聚拢和散开柴草、谷物或平整土地的农具”（《现代汉语词典（第6版）》）。多为竹木制成，耙头为一块横木板，侧面竖凿有六至八个方孔，孔中竖插方竹条、木条或铁条作为耙齿，耙齿宽大而矮短，再用一根长竹竿作为手柄，插入横板中心的方孔，固定之，即成（图3-15）。如王祯《农书》说：“（耙）直柄，横首，柄长四尺，首阔一尺五寸，列凿方窍，以齿为节。夫畦畛之间，锼剔块壤，疏去瓦砾；场圃之上，耧聚麦禾，拥积稭穗，此亦农之功也，复有谷耙，或谓透齿耙，用摊晒谷。”

图3-15　谷耙

谷耙是浙江民间常用的农具，其用途有二，一是用有齿面均匀摊散谷物；二是用无齿面聚拢谷物。水泥晒场出现以后，人们在谷耙的无齿面钉上橡胶皮，既防止推谷时碾碎谷物，也降低了劳动强度。

6. 竹筛

这是一种用来筛选谷粒的农具。筛，同簁、箍，《说文》：“竹器也，可以除粗取细。”《神异经》：“竹器，有孔以下物，去粗取细。”竹筛就是用细篾编成的一种表面有许多小孔的器具，可以把谷物中细碎的杂质漏去，达到分选的目的。

浙江民间使用的竹筛（图3-16），依其功用，有谷筛、米筛和糠筛之分：谷筛是去草留谷，米筛是去壳留米，糠筛是去糠留米。三者的主要区别在于孔眼大小各异，其中，谷筛最大，其次是米筛，最后是糠筛。

图3-16　竹筛（象山）

除了用来筛选粮食，在浙江，竹筛还是民俗文化重要的载体之一。

首先，竹筛是传统的辟邪之物。如台州地区"端米筛"的习俗，俗信以为，小疾微恙是"野鬼"作祟，以米筛端供品到野外小祭，即可消除灾病。也称"野祀"、"送路头"、"送野祀"。

在宁波一带，"建宅禁忌'门对门'、'门对弄'，'屋脊对门'……俗谓'相冲'……往往在门框上挂米筛、镜子、八卦图……以辟邪"①。此外，婴儿出生后第三天要做三朝（亦称"还落地福"），家人在产房内将米筛搁在床前方凳上，在其上做羹饭，焚香燃烛，供"床公床婆"，祈婴儿无病无痛，快快长大。

另外，浙江的部分地区还有所谓"啐灵魂"的风俗，如《鄞县通志》记："孩童受惊，谓灵魂出窍，则啐灵魂。"做法是将米筛搁置于灶上，其上放一碗清水，一只空碗，碗口覆盖有一张皮纸。一人呼喊"××来！"，一人用手指蘸清水并滴到空碗的皮纸上，一人在灶洞口回答："来啦！"水越滴越多，等到皮纸上凝聚出一两颗晶莹圆润的水珠时，便端起两只碗，一路喊着应着走到病人身边，揭起空碗的皮纸捏成团来拍拍病人额头，再给他喝一两口另一只碗内的清水，魂魄就回到病人身上了。②

其次，竹筛在婚嫁中还扮演着重要的角色。如景宁畲族有"踏米筛拜祖"的风俗。新娘上轿前要踩在米筛上向祖宗礼别，寓意留下娘家的活土（财气），到婆家去重新创业。

绍兴一带新娘要在娘家举行沐浴仪式。仪式上，一人手捧畚筛，筛上放些喜果、红鸭蛋，下面摆一只脚盆以接水，另一人用热水冲淋畚筛，再用毛巾蘸水让新人连续揩三次。

绍兴有这样的迷信习俗：凡人死时，其子孙跪在死者床前送

---

① 浙江民俗学会. 浙江风俗简志[M]. 杭州：浙江人民出版社，1986：136.

② 参见《鄞县通志》，其中记云："以碗一，上覆以纸，并贮清水一碗，用米筛搁于灶镬上，一人立于灶前，一人坐于灶后，一人以清水点于纸，覆碗上，递呼儿名曰：某某来！一人递应之曰：唯！呼至四十九声，见纸内作人眼状，曰：魂来矣！乃已，则以盅复于孩童睡所。"

终，不管人怎么多，总要留条路让无常来勾魂，在晚上要"送无常"，就是用米筛盛着羹饭祭无常，吃"米筛羹饭"，死者送入灵堂后，他床上垫过的稻草之类要火化，叫"烧无常稻草"。

调无常，亦称"太平会"、"台下哑鬼会"，流传于旧绍兴府属各县。明、清以来，绍兴各地东岳庙庙会多上演调无常。内容为一支阴间执法队伍，捉住"罪犯"刘氏，令其受惩出丑，以宣扬惩恶扬善的主旨。扮演者15人左右，均画脸谱。扮无常者，头戴高帽，手执破扇，脚着草鞋；扮"牛头马面"者，头套纸糊面罩，上涂具像色彩；饰刘氏者，长发散披，颧涂朱红，穿白衣、白裙、红背褡、红裤，颈戴大枷，脚拖长链。表演时，一人手持米筛晃动，整个舞队随之跳动，信步而舞。饰无常者在米筛逗引下，抢吃"羹饭"；饰刘氏者走矮步，甩长发，竭力刻画受苦受难情状。全舞不说不唱，仅刘氏有一句台词，"大家勿要学我的样"，以此劝人从善。1950年起，此舞极少演出。

四、竹制装运农具

1. 竹箩

这是一种盛放谷物的农具。王祯《农书》说："箩，析竹为之，上圆下方，挈米谷器，量可一斛。"可见，古代竹箩上圆下方，其形制与现在浙江地区的竹箩一致。这样的造型牢固性较强，不易变形（图3-17）。

浙江竹箩用料较为考究，每双竹箩用竹约70斤，箩口直径50厘米出头，高45厘米左右，主要有两个品种：一是米箩，用青篾片编成，上圆下方，上下口径较一致，箩口处配以尼龙压边，制作较精细，主要用于盛米。二是谷箩，青篾条和黄篾条交织而成，上圆下方，上大下小，呈倒圆台状，这主要是因为谷箩的使用量较大，倒圆台的形制缩小了占地面积，且便于叠放。相对米箩，谷箩的制作较粗糙，主要是盛谷用。

图3-17　竹箩（象山）

2. 簸箕

这是一种非常古老的农具,与人民生活息息相关,直到今天,广大农村仍普遍使用。

商周时,出现了借助风力来清选谷物的工具——"簸箕"。甲骨文中有"箕"字,写作"**☒**",其字形很像用条状物编织的、一端开口的器物。与今天的"簸箕"很相像。汉李尤《箕铭》曰:"箕主簸扬,糠秕乃陈。"《说文·竹部》谓:"箕,簸也。"《说文·箕部》云:"簸,扬米去糠。"可见,"箕"是一种器具,"簸"乃是指用箕扬米去糠的动作。此外,文言文中有"箕踞"一词,颜师古注:"箕踞者,谓申两脚,其形如箕。"可见,箕踞的姿势就是箕之形。

簸箕,浙江民间也叫"畚斗",多用竹篾制成,《庄子》曰:"箕之簸物,虽去粗留精,然要其终,皆有所除,是也。然北人用柳,南人用竹,其制不同,用则一也。"(图3-18)

图3-18　用簸箕装运谷子（龙游）

3. 畚箕

其形制与簸箕基本相似（图3-19）,区别在于"簸"和"畚"的动作差异。"畚",篆字作"**☒**",其字形很像两手扒物到下方的"畚箕"中。

畚箕是装运用的工具。在浙江,畚箕有大小两种,竹编,有提梁,可以手提,也可用扁担担运。可装运垃圾,土、石等建材,以及猪粪、牛粪（用作肥料）等。如在象山地区,那里的建筑业发达,畚箕的需求量大,有专事编织畚箕的工匠。

此外,在浙江,畚箕也是一种民俗载体,如在某些地区,畚箕是搬进新居的第一件东西,寓意金银财宝畚进屋。

图3-19　畚箕和扁担（龙游）

4. 扁担

这是一种扁长形的挑物工具,多为竹制。它利用了竹材的韧性,负重时随人的脚步一起一伏,可减轻人体的负担。

5. 打杵

又称"担撑"、"竹下架",是挑担时用以歇气的工具。打杆为竹、木制，等肩高，主体为一根竹棒，棒头削成"V"形，以支承扁担。打杆有以下四方面功能：其一，挑担时可用来支撑扁担，予人片刻轻松，让人歇气、换肩。其二，将它抵在空肩前的扁担下，同时手臂前压，即可将悬挂重物的一头托起，从而减轻肩膀的负担（图3-20）。其三，行走山路时可作为拐杖。其四，危急时可用来自卫。

第二节　竹制渔猎工具

渔猎工具是最古老的工具之一，其发明远早于农具。早在原始社会时期，我国先民就开始用竹材制作渔猎工具。此后，铁制用具的出现，淘汰了一部分竹制渔猎工具，少部分延续下来，后世对此加以改造、改进，并在此基础上创造出一些新的竹制工具，有的至今还在发挥作用。

图3-20　打杆（缙云）

浙江境内湖泊星罗棋布，河流蛛网交织，山脉众多，海域宽广，渔猎一直是人们主要的生产方式，渔猎用具品类繁多。其中，竹制用具出现很早、历时极久、品类较多、使用面广泛。

以下即从功能、操作等角度，分类介绍浙江民间竹制渔猎具。

一、竹制渔具

（一）捕鱼具

1. 笱

又称筌，即鱼筌。《说文》："笱，曲竹捕鱼筌也。承于石梁之孔，鱼入不得出。""该器物出现较早，在浙江吴兴钱三漾的新石器时代遗址中，就发现有鱼筌的实物"[1]，"殷墟甲骨文

---

① 浙江省文物管理委员会. 吴兴钱三漾遗址一二期发掘报告[J]. 考古学报，1960（2）. 该报告称"倒梢"，即"筌"。

中也有用筌捕鱼的卜辞"①。

筌为竹制,常见的形制为大腹、大口、小颈,如同一只倒装的竹篓,颈部往往装有倒竹须,鱼能进不能出。

据明田汝成《炎徼记闻》卷四载:"男子计口而耕,妇人度身而织,暇则挟刀筌柳以渔猎为业。"说明早在明代,浙江乡民已使用竹筌捕鱼。在浙江,"筌"亦称"竹笼"、"诱笼"或"壕子"(图3-21),主要有两种:一种专捕黄鳝,象山方言又

图3-21 竹筌

称"黄鳝笼",长约50厘米,直径12厘米左右,用竹篾盘绕编织而成,形似一只大笔筒,前端装有倒竹须,后端开口,可用木塞子塞紧,尾部以绳子系紧。使用时,内置蚯蚓等诱饵,于傍晚时分放置在田埂边水下,并将绳子系在岸边固定的物体上,到第二天早上,取出筌笼,拔出木塞,即可倒出被困在里面的黄鳝。另一种是捕鱼笼,其原理和黄鳝笼类似,但比黄鳝笼要大,形状也不同,其腹大,两头小,尾部系绳。通常设在江河缓流处,湖海近岸浅水下或水草丛边,内置各种诱饵,以诱使鱼虾入内。

2. 竹钓竿

竹钓竿是我国最为普及的竿钓渔具,其历史相当悠久。取一根短小而弹性十足的竹竿,竿头拴一条麻绳,绳头系蚯蚓等诱饵,这就是人类最早的竿钓渔具。将麻绳抛入水中,然后将竹竿斜插在岸边,鱼吞食诱饵时,扯动麻绳,必定带动竿头,此时猛抽竹竿,将鱼钓起,即可甩到岸上。

文献中关于竹制钓竿的最早记载出于《诗经》,其《卫风·竹竿》云:"籊籊竹竿,以钓于淇,岂不尔思,远莫致之。"从中可知当时竹钓竿在民间已十分普及。随着生产力的发展,竿钓渔具的种类日益丰富,制作日益精良,材料也采用了更为牢固耐用的合金材料,不过起源于竹钓竿的形制始终没有改变。

---

① 杨升南. 商代的渔业经济[J]. 农业考古, 1992 (1).

3. 弹湖筒

弹湖，舟山方言，即跳鱼，又名弹涂鱼、泥猴，多栖息于沿海、河口等区域，穴居，有离水觅食的习性。每到退潮时，弹湖都出外活动，只留空穴。当地渔民利用弹湖的这一习性，发明了一种捕弹湖的工具——弹湖筒。

弹湖筒实际上是一截细竹管，直径约3厘米，长25厘米，中空，保留底部的竹节。渔民趁着退潮把弹湖筒逐一插入弹湖穴中，筒口朝上，且与洞口泥涂相平，并在稍远处做上记号，以便收管。插完管后即上岸静候。涨潮时，弹湖竞相"回家"，一头钻入筒中，竹筒窄小，弹湖在里面动弹不得，束手就擒。渔民只需原路而行，并借助记号，一一拔管捉鱼就是了。

三门沿海有句俗谚："好死否死，弹湖钻竹棍。"关于弹湖筒的发明，还有一个美丽的传说。据传八仙初至三门湾，时日当午，潮落水退，三门湾一望无际的金银滩上，有各种鱼蟹贝类在嬉闹，目睹此景，铁拐李信口说道："每仙一菜，自找海鲜，各显神通，不得相同。"话音未落，只见张果老随手一抛，化出无数竹筒，撒向海涂，海滩上的跳鱼不知就里，纷纷钻入竹筒洞中。不一会，清香随风而来，跳鱼烧咸菜上桌，其余七仙为之惊叹。这就是所谓"竹筒柯弹糊，跳鱼咸菜煮"。

4. 竹鱼罩

《说文》："罩，捕鱼器也。"竹鱼罩的历史十分悠久，浙江水田畈新石器遗址便出土有竹编鱼罩。时至今日，我们浙江的一些地方仍有用竹鱼罩捕鱼，但随着捕鱼技术的提高，这种方法已经比较稀少了，几乎很难见到。

竹鱼罩多为橄榄球形或圆台形，以粗竹条编织而成，网眼细密合度，大小均匀，因为太密则入水阻力大，太疏则容易让鱼逃脱（图3-22）。捕鱼时，人站在水中，手抓鱼罩口，将之直插水底，手感觉到震动时，就说明有鱼被罩住了，只要伸手进罩里去抓鱼即可。

图3-22　鱼罩

过去，浙江民间多用鱼罩来捕捉池塘、小河里的鱼，集体罩鱼的场面是很热闹的。每逢大雨过后，村里的男子都带上鱼罩来到江河边，他们挽起裤腿踩入水中，鱼罩起起落落，水花四溅，一片沸腾。鱼就像没头的苍蝇到处乱窜。平时，也有农民用鱼罩来养小鸡小鸭，如今这也许是其最常用的功能。

5. 皑篼

皑篼，在象山又称"掏鱼箅"、"抄网"、"撩篷"等，是一种捞鱼的用具。取一只圆形网袋，结于竹圈或铁圈上，将竹圈或铁圈绑固于一根竹柄或木柄上即成。按照用途及形制特征，可区分为大皑篼、小皑篼、长柄皑篼、车虾皑篼、掇网皑篼等。其中，掇网皑篼是掇网专用，网袋呈圆筒形，用细竹丝精编而成，直径15厘米，深25厘米，竹柄长1米。可供渔民在船上或岸上捕捞较远处的鱼。

6. 蟹扎钩

用来扎红钳蟹的器具。由竹竿、粗线、扎钩组成。竹竿形似钓鱼竿，长达4米，粗线原系苎麻线，现在改用尼龙线略长于竹竿，扎钩系在线顶端，有6枚铁钩绕成六角形。红钳蟹多生活在海边滩涂，行动迅速，很难直接捕捉，只能用蟹扎钩从远处精确扎取。

蟹扎钩的制法是：用一根长十厘米，同笔杆子一般粗细的铁棒，下部派生七八条各长五六厘米的"小腿"，铁匠煅打时，趁热指导每条"小腿"折角一百五十度，就成了像一把未全撑开的倒置的小雨伞一般的蟹扎钩了。然后在钩柄的上端绑上一根长三米左右的麻线。线的另一头捆扎在小竹竿的顶部。这样，人们就可以手执竹竿基部，甩动被线牵引着的铁钩子去捉蟹了。

这种捉蟹的方法，俗称"扎红钳蟹"。时间要选择在涨潮之前，因这时红钳蟹在海边滩涂上活动最频繁，警惕性较低，容易捕捉。扎蟹的人，须技术熟练，运动稳健，边甩钩捉蟹，边缓步前进，经验丰富的人，几个小时就能捉得十来斤红钳蟹。

7. 簖

即用竹帘自河底到河面的隔断，属于栅箔类捕鱼方式，是以竹木及其制品编织成栅帘状插在水域中拦捕鱼类的一种渔具。栅箔始自鱼梁，鱼梁也是以拦截方式捕鱼的，但鱼梁主要以土或石筑成，工程难度大、耗费多且效果不佳。

用簖养鱼或捕鱼的习俗，据说始于范蠡。范蠡退隐后居于德清东门外蠡山村，有一天，他看到一位老农把捕来的鲫鱼放养在自家门前河边的竹篱笆里，吃时即用网捞起，他因此得到启发，把水中的竹篱笆改造成可横截河港的簖，推动了渔业的发展。至今浙江渔民还保持着滩涂插竹围捕鱼蟹的传统。

（二）竹制盛鱼具

1. 鱼篓

装鱼之器物，一般为竹编，有盖，盖上装有倒竹须，用时系在腰间，可随时盛放抓到的鱼。

在象山，鱼篓又叫"壳笼"，其侧面呈"凸"字形，整体扁圆，腹部比底部略阔，颈小，口若喇叭，内倒插竹篾做成的圆锥形"壳笼带头"，可防止鱼蟹倒出（图3-23）。

图3-23　鱼篓（象山）

2. 鲜篮

又称"鲜篮篰"，盛鱼器，多见于浙江沿海农村。篮体半球形，平底，有大有小，大的直径约85厘米，深约20厘米，用粗竹丝编织而成，箍有两根环形苎绳（图3-24）；小的直径约45厘米，有盆形篮盖。前者插网捕鱼人售货多用之，掇虾、掇网人售渔货则多用小鲜篮。

二、竹制猎具

1. 竹吊

旧时，浙江山区多野兽，野猪、山麂尤多，有的山区还有猴子。人们把活毛竹的竹竿弯曲并用绳子缚成弓形，打上活结，

图3-24　鲜篮（象山）

接着将毛竹稍部削尖，扎、穿上诱饵，就做成了竹吊。野兽来吃诱饵时，触动活结，活结解开，毛竹便弹直还原，将野兽悬吊起来。竹吊也是畲族人民常用的猎具。

2. 竹枪

这是畲族人民常用的猎具。制作时，取四五厘米长的毛竹片，两头削尖，放入油锅里煎泡，等到竹色变黄时取出，冷却后，其箭刃既坚硬又有韧性，且十分锋利。除了可用来狩猎，还可作为篱笆，防范野兽入侵。

3. 竹弹

畲族人民狩猎的常用工具。用小竹管等材料做成，射程有数丈远，多用于射击野兔等。

第三节 竹制蚕具

浙江是我国著名的丝绸之府，蚕具较多，主要有蚕座、蚕匾、蚕簇，除沙分箔的蚕网，以及用来修整桑树、采收桑叶的桑斧、桑剪、桑笼等，其中不乏竹制品，如桑笼、蚕筐（又称蚕匾）、蚕槃等。

图3-25　桑民在采桑

1. 桑笼

蚕民采收桑叶用的竹制盛具（图3-25），形似竹箩，但比竹箩小，圆口，上系四根麻绳，便于担运。

2. 蚕箔

养蚕的器具，多用竹制成，像筛子或席子，亦称"蚕帘"（图3-26）。

图3-26　蚕箔

3. 蚕筐

王祯《农书》说："蚕筐，古盛币帛竹器，今用育蚕，其名亦同。盖形制相类，圆而稍长，浅而有缘，适可居蚕。蚕蚁及分居时用之，搁以竹架，易于抬饲。……北箔南筐，皆为蚕具，然彼此论之，若南蚕大时用箔，北蚕小时用筐，庶得其宜，两不偏也。"

4. 蚕槃

用以养蚕的器具，有方形和圆形等品种（图3-27）。王祯《农书》说："盛蚕器也，秦观《蚕书》云：'种变方尺；及乎将茧，乃方四丈，织萑苇，范以苍筤竹，长七尺，广五尺，以为筐。……悬筐，中间九寸。凡槌十悬，以居食蚕。'今呼筐为槃。又有以木为筐，以疏簟为底，架以木槌，用与上同。"

图3-27　方形、圆形蚕槃

第四节　竹制纺织工具

一、竹制棉织工具

1. 竹弓

即弹弓，是弹松棉花的工具，多为竹制，故名（图3-28）。

王祯《农书·农器图谱·蚕缫门》载："木棉弹弓，以竹为之，长可四尺许，上一截颇长而弯，下一截稍短而劲，控以绳弦，用弹棉英，如弹毡毛法，务使结者开，实者虚。""弹棉"，一是弹旧棉，使棉衣、棉被已经紧结、压实的棉回复松软，先要除掉表面的旧纱，再将棉芯卷成一捆，用铲头撕松，然后用弓弹。二是弹新棉，如旧时浙江女儿嫁妆的棉絮就是弹过的新棉。需用木槌频击竹弓的弦，以使棉花渐趋疏松。

图3-28　弹棉花

2. 竹制圆盘

按民俗，所用的纱，一般都用白色。但用作嫁妆的棉絮必须以红绿两色纱，以示吉利。如旧棉重弹，后由两人将棉絮的两面用纱纵横布成网状，以固定棉絮。纱布好后，用竹制圆盘压磨（图3-29），使之平贴、坚实、牢固。

旧时，农村有不少贫苦农民和工匠整年在外地为人弹棉絮，俗称"弹匠"，也有称之为"弹棉郎"的。

图3-29　压棉花

二、竹制丝织工具

丝织的许多工序离不开竹制工具。

1. 竹签、竹棍

这是抽丝时用的工具。抽丝时要把蚕茧浸入沸水中，用竹签搅动，接着用竹签将丝头挑起，把几根茧丝绞在一起，从盆中抽出，穿过竹针眼，先绕于香筒般的竹棍上，再绕过桄上的丝钩。

2. 络子

图3-30　竹制络车

这是络丝线的工具，可将丝线绕于丝车上。络子是绕丝线的器具，多以竹子交叉构成（图3-30）。丝车成为"筀"或"轩"，轩多系竹制成，为四角或六角，以短辐交叉连成，中贯以轴。轩的名称和形制，一直沿用到明清和近代，现已基本不用。

牵经。清代陈作霖《凤麓小志》载："经籰交齐，则直二竿于前，两人对牵之，谓之牵经。"（图3-31）

此外，织机中的许多构件亦以竹制，如筳子（锭子）、溜眼、篎等。

图3-31　牵经场景

第五节　竹制防洪器具

石笼，又名竹笼，是古时民间用以堵洪水、捍海塘的器具（图3-32，图3-33）。

关于石笼的形制，王祯《农书》说："判竹或用藤萝，或木条，编作圈眼大笼，长可三二丈，高约四五尺，以签桩止之，就置田头。内贮块石，用擘暴水。或枏接连，延远至百步。若水势稍高，则垒作重笼，亦可遏止。如遇隈岸盘曲，尤宜周折，以御奔浪，并作洄流，不致冲荡埂岸。农家濒溪护田，多习此法，比于起叠堤障，甚省工力。"此法就地取材，施工、维修都简单易行，而且笼石层层累筑，既可防止堤埂断裂，又可利用卵石间的空隙来减轻洪水的直接压力，从而降低堤堰崩溃的可能性。

图3-32　石笼筑海塘场景

图3-33　石笼

　　早在秦时，李冰修建都江堰的过程中就创造了以竹笼装石作堤堰的方法。到了唐代，吴越王钱镠便参照李冰筑都江堰之法，利用竹笼填石筑就了著名的水利工程——钱塘江捍海塘。传说始筑捍海塘时，"江涛昼夜冲激，江岸板筑不能就，王（吴越王钱镠）命强弩五百以射涛头……既而潮头遂趋西陵，王乃命运巨石盛以竹笼，植巨材捍之，塘基始定"（《淳祐临安志》）。强弩射潮不过是个神话，但修筑海塘所花的力量的确很大，其技术在当时来讲也是进步的。竹笼石塘这项技术，在我国沿用了数百年，直到元代，才被木柜石塘大规模取代。1983年，南星桥一带出土了捍海塘遗迹，竹笼篾条痕迹清晰可辨。

　　关于竹笼石塘的建造和施工，《吴越备史·杂考·铁箭考》有比较详细的记载："以大竹破之为笼，长数十丈，中实巨石，取罗山大木长数丈植之，横为塘，依匠人为防之制，又以木立于水际，去岸二九尺，立九木，作六重……由是潮不能攻，沙土潮积，塘岸益固。"

第四章　竹制工艺品

竹制生活、生产用具，是物质生产的产物，其目的是满足人们最基本的物质需求。随着人类的进化和社会的发展，人类萌生出精神需求，形成了精神生活和意识观念，不再简单地把日常用具看作是满足直接物质需要的器物，不自觉地赋予它们非实用性的功能和意义，以满足人的精神需要。竹制工艺品和以竹制器物为表演器械的舞蹈就是在这样的背景下获得实用和审美两种功能，既满足了人的物质需求，又满足了人的精神需求。当竹制用具被人们不断美化，达到一定程度时，它就逐渐转变为竹制工艺品。可以说，竹制工艺品的出现是竹制用具向精神领域发展的产物。

浙江是我国竹制工艺品的重要产地，无论是竹编如余杭滚灯，还是竹根雕，或是竹扎制品如奉化布龙，均是浙江人民追求艺术及精神生活的体现。

第一节　竹制工艺品

一、竹编

浙江是我国竹编工艺品的主要产地，其中尤以东阳、嵊州为佳。

浙江竹编所用的竹材有毛竹（楠竹）、早竹（淡竹）、水竹（烟竹）、慈竹、青篾竹等，准备工序有剖竹、劈篾、刮篾等，目的是将竹子劈成光滑的篾片或篾丝。

编织时，在颜色处理上，可利用竹材的天然色泽，如竹青层的绿色、竹肉层的浅米黄色等；可用去污、脱脂、漂白等工艺处理篾片、篾丝，使之洁白光亮；或用染色、印烫等工艺，使之呈现不同色彩或组合成美丽斑斓的花纹。

在编织技法方面，基本的交结方式有挑（将编织的篾片、篾丝放在被编织的篾片、篾丝之下）、压（将编织的篾片、篾丝放在被编织的篾片、篾丝之上）等，相应的有"十"字、"人"字、六角、螺旋等纹样。

在编织形式上，可分为圆面编织、绞丝编织、装饰编织等。常用的是装饰编织，有穿篾、穿丝、弹花、插筋等多种技法。穿篾是在篾片疏松编织的基础上，再穿插交错篾片，使之形成无数有规则的几何形纹样。穿丝是以三角眼、六角眼等疏松编织纹样为基础，再以细篾丝平行地交错穿插在各网眼之间，形成精细的纹样。弹花又称外插花，是采用宽阔的篾片有规则地扭转成各种花瓣状的造型，插在编织品上，从而呈现出疏密有致、富有立体感的效果。插筋是用厚薄、宽窄相同的篾片插在篮、盘、罐等的两端或中间的绞丝上，不仅美观，还能起到加固的作用。

1. 嵊州竹编

嵊州竹编（原嵊县竹编），历史悠久，考古研究表明，2000多年前的战国时期，勤劳聪慧的嵊州先民就有利用竹子破篾编制简易用具的例子，并出现了"方格纹"、"米字纹"、"人字纹"等编织纹样。在1600多年前的魏晋时期，人们就开始在日用竹编竹箩、竹篮的基础上，编织出像秋蝉的羽翼一样精薄的竹篾团扇，东晋文学家许询[①]题《竹扇诗》云："良工眇芳林，妙思触物骋；篾疑秋蝉翼，团取望舒景。"后一直朝着日用兼欣赏的精细制作方向发展。至明清两代，嵊州竹编工艺水平进一步提高，工场生产的竹制品已相当精致，产品远销杭州、上海、南京等城市，嵊州竹编由此也成为国内著名的民间工艺。到清光绪年间，出现了竹编作坊，竹编艺人数量进一步提高，据《嵊

[①] 许询：字玄度。东晋文学家。高阳（今河北蠡县）人。年青时跟父亲来到绍兴，终身不仕，因逃脱做官，曾隐居于萧山，后迁至剡县（嵊州），死后就葬在剡县孝嘉乡。

县志》记载："清光绪初,细篾匠达90多人,以嵊州苍岩一带最多。"①

新中国成立后,竹编艺人组织创办了"嵊县篾业产销工场",1954年改为"嵊县竹器生产合作社",1959年改名工艺竹编厂。1957年开始,嵊州竹编开始成为出口产品并畅销海外,后来,嵊州竹编还成为出口工艺品的中国著名品牌,嵊州竹编已从传统的工艺品发展成为堪称世界一绝的艺术奇葩。据统计,20世纪80年代初,全市常年从事竹编行业的有3万多人,形成了一批专业企业和专业村、专业户;到1988年,嵊州竹编已开发和研制了篮、盘、罐、盒、瓶、屏风、动物、人物、建筑物、家具、灯具、器具等12个大类,360多种编织图案,6000多个花色品种,创新了漂白、花筋、蓝胎漆、防蛀、脱脂、模拟动物等六项工艺,并被国务院命名为全国唯一的"中国竹编之乡",嵊州竹编也进入了全盛时期。

但是,到了20世纪90年代末以后,各式各样的塑料制品逐渐代替了竹编日用品,竹编需求量日益减少,竹编艺人难以为继。笔者于2001年秋考察嵊州竹编工艺品厂时,该厂已经日渐凋零,厂房破旧,大部分厂房空着的空着,出租的出租,员工人数也由80年代最兴旺时期的近2000人,下降到了不到200人,那时俞樟根老先生(图4-1)已经退休去了广东生活,嵊州工艺竹编厂也于2002年11月停产改制。

图4-1 俞樟根大师

嵊州工艺竹编以造型精巧、编织细腻、气韵生动而著称,以其独具的艺术魅力,誉满中外。民国26年(1937)"叶广华"篾篮荣获"浙赣特产联合展览会"优等奖。1954年曹水根编制的《六角花篮》,在法国巴黎世界博览会获奖。1979年,竹编"白尾海雕"被美国宝田公司看中,送给时任美国总统卡特。1982年,竹编"飞鹰"在美国田纳西州世界博览会上折服数百万美国观众。1982年,竹编"烫金花瓶"在广交会一次性成交36万只,

---

① 嵊县志.

开创广交会一次性成交量新纪录。1986年，大型竹编"昭陵六骏"参加英国世界理想家庭博览会展出，轰动英伦三岛。嵊州竹编产品自1979年以来相继获得国家银质奖、全国金杯奖、出口产品金牌奖。1999年12月，竹编制品"沧海还珠"（图4-2）作为浙江省政府的唯一礼品被赠送给澳门特别行政区。

图4-2　沧海还珠

嵊州竹编通常取料于当地盛产的各种坚韧挺拔的翠竹，如水竹、旱竹、毛竹等。特别是嵊州水竹，纹路细密，韧性好，拉力强，劈成的篾丝细如发，篾片薄如纸，可以编成各种各样的造型。竹编作坊遍布全市产竹区（图4 3），上规模的分布在嵊州市区、苍岩、长乐、崇仁、黄泽、通源、石璜、甘霖等地。嵊州竹编的制作工艺较为复杂，一般要经过设计、造型、制模、估料、加工竹丝篾片、防蛀防霉、染色、编织、雕花配件、装配、油漆等工序，仅竹丝篾片工艺就有剖青、锯竹、卷竹、剖竹、开间、烤色、劈篾、劈丝、抽篾、刮丝、刮篾等众多步骤。编织技法更有龟背、插筋、弹花、穿丝等一百多种，粗细并存，细者能在一寸长度内编进150根竹丝，精巧细腻，薄如羽翼；粗者能充分利用竹材的弹性，巧插灵编，粗犷大气。

图4-3　嵊州水竹林

在长期的创作生涯中，嵊州竹编艺人们创新了漂白、花筋、蓝胎漆、防蛀、脱脂、模拟动物等六项工艺，首创并形成了四大工艺特征：竹编模拟动物、竹丝篾片的漂白、篾片烫印花筋和蓝胎漆器。代表作有《六和塔》、《岳飞》、《苏武牧羊》、《昭陵六骏》、《九狮舞绣球》（图4-4）等。

图4-4　九狮舞绣球

嵊州模拟动物竹编。是嵊州竹编的一大特色，其造型有狮、象、鸡、鱼等，形象生动，并与盒、罐等实用性巧妙地结合，提高了实用品的艺术欣赏价值。该技法在1966年由"中国竹工艺大师"俞樟根先生首创，编织手法多样，有龟背、传丝、打束、缠股盒结边等200余种。用拇指粗的竹片，可剔出几十层细如发丝竹篾，一寸宽距，可织150根丝篾。现嵊州模拟动物竹编产品花色众多，产品远销60多个国家和地区。

嵊州漂白竹编。嵊州竹编艺人从印染业的漂白得到启发，继而用于竹编产品中，通过对竹片、竹丝进行去污、脱脂、漂白等工序，使竹料达到洁白光亮的效果。用这种工艺编织的白孔雀、白鹤、大熊猫等动物，美观、大方、素雅。编织的花瓶、盘、罐等器物洁白晶莹，几乎可以与白玉媲美。

嵊州花筋竹编。所谓"花筋"工艺，是把印有各种图案的篾片，插在器物的中间和两端，印花一般有单层、双层和多层套色之分，颇具装饰效果。该工艺是从花竹家具的熏花技法得到启发演变而来。

嵊州蓝胎漆竹编。原是我国传统工艺，后来传至日本，得到了发展提高。嵊州竹编艺人在日本九州友好贸易会社和九州蓝胎漆器株式会社的帮助下，恢复了这一传统工艺。嵊州蓝胎漆工艺采用十分讲究的涂漆工艺，使产品表面光洁锃亮、色泽古雅，有的蓝胎漆还可以做出各种竹编花纹，目前已经发展到家具、果盒、盘、盆等十几个品种，远销日本等国家。

2. 东阳竹编

东阳竹编与东阳木雕并称为东阳工艺美术界的两朵奇葩。它始于1200多年前的殷商时代，至宋代，东阳竹编的元宵花灯、龙灯和走马灯之类竹编工艺灯已闻名四方。到明清时期，东阳竹编技艺发展迅速，竹编工艺品的艺术性与实用性进一步紧密结合，上至送往京城皇亲国戚的"贡品"，下到寻常百姓的家常生活用品，比比皆是。据清代康熙年间《东阳县志》记载："筻竹软可作细篾器，旧以充贡。"[1]可见东阳竹编早在清朝以前就被选为贡品而闻名于世。当时的竹编工艺，主要生产门帘、果盒、托篮等产品，其中书箱、香篮等竹编产品还广泛流行于绍兴、诸暨、嵊州、新昌一带。到了清末民初，东阳竹编进入全盛时期，其中工艺竹篮是该时期竹编产品中的主体产品，那时东阳竹编的杰出代表当数著名匠师马富进，他曾为咸丰皇帝的老师李品芳家制作

---

[1] 东阳县志.

的一对托篮，花上千余工，仅漆工就耗费一年零三个月，精致非凡，现珍藏于北京故宫博物院。他制作的竹编工艺品在1915年巴拿马万国商品博览会中获奖。他制作的另一作品《魁星点斗》，在1929年西湖博览会展出，轰动一时，博览会总报称："一魁星独足立于鳌头上，作活跃点斗之势，头部，耳、口、鼻俱全。四肢部，手指、脚趾一一分清，上身袒露，下身着盔甲。胸部背部，均表现股肉凸凹之状，飘带飞舞，骨立筋张，全身皆是竹丝编成，不假他材……竹编人物妙到如此，诚所未见，竹制品中绝无可伦比者。"马富进在该届西博会上被授予"竹编状元"奖匾。同时，东阳竹编还涌现出了一批巧匠。由此可见，东阳竹编工艺早在清末民初已达到当时国内乃至国际的一流水平，为时人所赞美。但近现代战乱频仍，东阳竹编由盛转衰。

直至新中国成立后特别是改革开放以来，东阳竹编枯木逢春，蓬勃发展，先后获轻工部优质产品、浙江精品、中国工艺美术百花奖评比银杯奖及金杯奖、中国民间艺术一绝金奖等。

近年来，随着我国非物质文化保护的大力推行，东阳竹编进入了全新时期，"创品牌，打造精品"，已成为新时期竹编工艺品生产的一个亮点。至2005年，在国家级、省、部级工艺美术大展、大赛或博览会上，东阳竹编工艺品共获奖项95件，其中金奖以上42件、银奖18件、铜奖15件、优秀奖20件。获奖成绩在全国县市级竹编同行中遥遥领先。其中何福礼的竹丝白鹤鼎、大象、咏鹅图、哪吒闹海等金奖作品，卢光华的大型竹编壁挂《兰亭序》、《百马图》、《威虎图》、苏东坡前后赤壁赋书法、立体竹编《唐寅山水画》等金奖作品，徐经彬的千禧龙盘金奖作品，都在各自的工艺领域中达到了出类拔萃的艺术高度，为全国专家、行家和广大群众所称道。其中卢光华的《兰亭序》、《八骏图》、《清明上河图》（图4-5）和何福礼的《八仙竹丝花篮》（图4-6）先后被评为浙江省工艺美术精品。何福礼在1997年为香港社会服务联合会庆祝香港回归而特制的2500米长的巨型龙

图4-5　清明上河图
（卢光华）

图4-6 八仙竹丝花篮
（何福礼）

灯，由香港特首董建华亲手为其点睛开眼，获当年吉尼斯世界纪录奖牌。中央电视台也曾多次报道东阳竹编传统技艺。

经历代东阳竹编艺人的努力，竹编工艺还突破传统理念的束缚，巧妙地与园林建筑、室内装饰有机结合起来，在西湖阮公墩、杭州花港公园、德国汉堡市"新北京酒家"等处，留下了许多不朽佳作。以富丽中显淡雅、清幽中含华贵的独特风格，为世人所称颂。

然而，由于受到市场经济和高新技术产业的冲击，与嵊州竹编一样，东阳竹编市场进一步萎缩，竹编技艺后继乏人，从目前情况看，东阳竹编主要靠45岁以上的一批艺人支撑着，年轻人当中几乎没人肯学，出现了青黄不接的局面。

二、象山竹根雕

竹根雕艺术起源于唐代，兴盛于明代，晚清后逐渐走向衰落。象山竹根雕工艺加工起源于20世纪70年代末的西周镇，一群漆匠和木匠出身的民间艺人，凭着对自然美独特的敏感和追求，摸索着走上了竹根雕之路。可以说，这条道路异常的艰苦。1978年，西周镇当地的八九个漆匠和木匠聚在一起，打算办工艺厂，但到底要做什么品种大家心里都没数。据象山竹根雕创始人之一郑宝根先生回忆，当时一个朋友喜欢把玩竹根，于是他们就想到了把竹根变成艺术品的想法，而且象山西周毛竹众多，竹根是最容易得到的材料，由此，象山竹根雕便从几个年轻人身上开始了，而且是几乎空白的开始。为了能了解到更多的信息，一帮人经常骑着自行车去宁海、奉化等地遍访名师，为了得到订单维持生计，常常跑到上海、杭州接洽业务，为了使竹根雕达到仿古和不褪色的效果，他们从煮茶叶蛋中得到启发，将作品与配好的颜料及防霉蛀的药物一起放到锅里煮，终于获得成功。从练手的老寿星开始，到现在的多姿多彩的竹根雕艺术品创作，经过30余年的艰辛努力和探索，象山竹根雕艺人们也逐渐由模仿制作转向因材施艺，并在继承传统竹根雕刻工艺及其风格的基础上，还创造了别具一格的艺术特色。他们吸收现代西洋艺术，充分利用竹根天然形状，雕刻成各种人物、佛像、动物等，形象生动，形态逼真。在造型艺术上，他们突破传统的用料规范，连根带须，一并应用，再现返璞归真之乐趣。他们还自创了仿古法、局部巧雕法和乱刀法，使濒临绝迹的中国传统竹根雕艺术得到了全面继承、发展和提高。

可以说，以张德和（图4-7）、郑宝根（图4-8）等为首的根雕艺人们创造了众多的第一，硬是把沉寂了上百年的竹根雕重新焕发了新的青春。1983年，象山竹根雕在浙江省新名优特产品展览会上一炮打响——获得金鹰奖。此后，象山竹根雕声名鹊起。

图4-7　正在创作的张德和

随着竹根雕的蓬勃兴起，深山里原本随地丢弃的毛竹根如今身价百倍。在象山西周、墙头等山区已涌现竹根雕工艺厂30余家，专业创作人员600多人，已形成了人物、动物和日用工艺品三大类100多个品种。有灵性灼目、呼之欲出的飞禽走兽；形神兼备、意趣并盈的人物造型；玲珑剔透、别出心裁的仿古器玩……小若手指，大到等身，令人目不暇接。特别是古色古香、形状各异的衣橱、桌凳、梳妆台等竹根雕仿古家具，深受中外客商喜爱。近两年来，象山竹根雕通过广交会"借船出海"，产品远销30多个国家，年出口产值高达三百多万美元以上。随着业务的拓展，象山竹根雕还先后在广州、上海等地开设了"专卖店"，形成了新兴的根雕艺术产业。

图4-8　作者（右）和郑宝根先生（中）等人合影

为了不断提高竹根雕的工艺水平，自20世纪90年代以来，象山县已累计举办竹根雕专题研讨会十多次，组织参加省、全国甚至国际性的竹工艺品展览近百次。象山竹根雕也逐渐从"雕虫小技"登上了艺术的"大雅之堂"，涌现了一批如《茅屋·秋风》、《眷恋》、《小伙伴》等精品。这些作品屡屡获得省级和国家级金奖，数百件被国内外行家、名人及博物馆收藏。竹根雕艺人张德和还被国家林业局、国际竹藤组织和中国竹产业协会联合评为我国首批11位"中国竹工艺大师"之一。为进一步扩大对外影响，2002年9月，象山县宣传部门编辑出版了《中国·象山竹根雕》一书，书中共收集了18名作者创作的68件竹根雕精品。这些作品构思新奇巧妙，造型生动自然，被许多专家赞为"古今中国竹根雕艺术的新高峰"。

同时，象山竹根雕还走出国门，先后赴美国、法国、希腊等国进行展览，博得国外美术界和广大观众的高度赞誉。2001年年底，象山根雕艺人郑宝根带着他的《同胞》、《八仙过海》等12件作品到希腊展出，据当时《欧洲时报》报道：无论是雅典市市长、希腊船王，还是艺术同行、普通市民，无不为他的作品所打动。

根雕产业的发展需要传承和创新。为了让更多的人了解象山竹根雕艺术，2004年，象山县政府专门划拨5.3亩土地，帮助建造了"张德和艺术馆"（图4-9），并于2005年开馆使用。在根雕前辈的影响下，如今象山已涌现了朱玉林、方忠孟等众多后起之秀，形成了庞大而有活力的竹根雕艺术群体。

图4-9　张德和艺术馆外景

（注：本文是根据作者参访郑宝根先生的录音资料改编）

三、黄岩翻簧竹雕

翻簧竹雕是我国竹刻工艺品中的一个主要品种，也叫"贴簧"、"竹簧"、"反簧"，文人墨客也把这种工艺品称作"文竹器"。其工艺是将毛竹锯成竹筒，去节去青，留下一层2—3毫米厚的竹簧，经煮晒、压平，胶合或镶嵌在木胎、竹片上，然后磨光，在上面雕刻纹样，以阴线浅刻为主，也有薄浮雕。浙江的翻簧竹雕俗称翻簧竹刻（图4-10），主要产于黄岩。

图4-10　翻簧竹刻作品

黄岩的翻簧竹刻起源于清同治年间，至今已有130多年的历程，是浙江翻簧竹刻最早制作产地，由民间艺人陈尧臣[①]所创。

① 陈尧臣，黄岩翻簧竹刻创始人，生于清咸丰三年（1853），逝于1941年。

在盛产竹子的黄岩西乡，当时从事加工竹、木制品的艺人甚多。其中，东山蔡洋村有一位技艺高超的竹篾师傅制作竹篮、竹盘、竹盒特别精巧，而且常用竹篾黏于板上，为了增强产品的美感，就雇佣陈尧臣在竹篾上雕刻各类花草、人物等图案。几年下来，陈尧臣从中受到启发，便和那位竹篾师傅合作，将竹篾从毛竹中劈出取出来，制成手掌形的掌扇，上雕以人物山水，并将掌扇称为"雅扇"，以示与蒲扇、纸扇、芭蕉扇不同。此后陈尧臣在木雕和竹雕技艺上日臻完美，又得其煮簧及胶黏合之术，就开设"师竹馆"专制竹制工艺品生产，创造翻簧掌扇、笔筒、照相架、图章盒，还有当时官员们使用的翎筒、朝珠盒、图书、信笺等。同时，陈尧臣在当时的知县孙熹的邀请下，兼作竹刻对联生意，很受欢迎。

1930年，在杭州西湖博览会上，陈尧臣所创黄岩翻簧竹刻荣获一等奖。1932年，在南京全国工艺美术展览会上再次荣获特等奖。继师竹馆后，原在师竹馆造型制胚的木匠郑益昌，独立开了"郑益昌"翻簧店，并邀王竹铭（即王勋）配合，雕刻山水。

新中国成立之初，师竹馆业务渐少。为了拯救师竹馆，1952年，省手工业改正所主任陆忠友数次来黄岩，为恢复师竹馆提供许多方便，并力邀那些已经改行的艺人返回本行工作。1953年，省文化局贺鸣声和李自新来黄岩，发掘翻簧工艺品的生产，提出建议。经各方的努力，翻簧工艺品迅速投放市场，受到社会各界人士的欢迎。1955年下半年，以师竹馆为主体的技术力量，包括陈珊连父子等7人和陈宝通为一方的翻簧店合并成手工业社。社址设在桥亭头天文照相馆旧址，后与刻字社合并成黄岩翻簧刻字社，社址也迁至会宗寺（今黄岩大厦）。由原刻字社陈明顺任主任，翻簧艺人有40余人，生产有地方特色的翻簧私章盒、香烟盒，刻上精细的披麻皱山水、风景，题有江天帆影、渔江独钓、云林深处、柳堤钓艇等句。这期间，部分由上海公司经销，内外销结合，生产逐渐兴旺。产品从原来的十几种已发展到20多种，特别是六角和正方茶叶盒、烟具、小花瓶、邮票盒等产品，深受国内外客户的喜爱，年产值达三万元之多。

1959年，竹器社9人并入翻簧刻字生产合作社，紧接着改称为澄江人民公社工艺美术厂，人员发展至90余人，产值上升为四万多元。品种也不断增加，从方形、六角形转向圆扁异形产品。雕刻技法除传统线雕，创造了阳纹薄浮雕。陈方俊将传统国画和名人诗画移植到竹刻上来，更使翻簧竹刻别具一格。他创作的浮雕仕女和史湘云醉眠芍药，在1958年浙江工艺美术展览会上，博得了全省同行的赞誉。1963年，陈方俊被省里授予"翻簧老艺人"称号，并出席北京全国工艺美术艺人代表会议。

图4-11　正在创作的罗启松

1964年，翻簧工艺品赴喀麦隆、摩洛哥、日本、智利等国展出前夕，省工艺美术研究所首次举办雕塑进修班，组织创作设计人员深入镇海三山等地体验生活，罗启松（图4-11）创作的填海横挂屏，反映了镇海劳动群众战天斗地的动人场面；还有省研究所沈世增的两幅水稻丰收和王杰才的移山造田的创作。创作设计人员又共同创造了以硝酸腐蚀，采用雕、刮、填等技法，使景物融于一体，更显示翻簧竹雕文雅、庄重、古朴的风格。这次展出是翻簧历史上的一个里程碑，也是全省出国展品高水平的一次检阅。

同年，全省雕塑竹编观摩会上，罗启松设计雕刻的三折拼竹台屏和屏风的浮雕八物，被评为二等优秀作品奖。

1964年5月，郭沫若先生慕名到黄岩，参观考察了翻簧生产后，面对琳琅满目、精巧绝伦的工艺品，对先"翻簧"后"雕刻"的工艺赞不绝口："翻簧雕刻采用国画艺术手法，把绘画技巧与雕刻刀法熔为一炉，有画、有题款、有图章，构成一幅幅具有诗情画意的工艺品，真不愧是浙江三大雕刻之一。"郭老还准确地指出翻簧工艺的特征："接缝衔口不留痕迹，造型别致，雕刻精美。"并收藏已故老艺人陈方俊先生根据唐寅作品创作的《秋风纨扇图》掌扇一把，现珍藏于上海博物馆。同年，北京电视台专程到黄岩拍摄了翻簧竹雕生产工艺水平的全过程，向全国作了播放。

正当工艺美术发展到高潮之际，社会安排就业要求进翻簧厂。由于人员增多，技术素质和设备跟不上发展速度，加上产品老化、设备陈旧、企业开支俱增，翻簧的生产远远不能适应经济发展的需求，效益很差，导致企业发展停滞不前，好几年都处于徘徊状态。

文化大革命期间，厂内生产一度处于半停产状态，劳动纪律松弛，生产极不正常，有时会出现脱期交货，使出口受到影响。1977年产值下降至三万多元。十一届三中全会后，生产逐步转向正常化，1979年从各车间抽调五位有创新设计能力的人员，成立了创新设计组，解决了久而未决的创新设计工作。一批富有时代气息和现实意义的作品相继涌现，在造型上突破了竹簧质地硬脆、不能弯曲的缺陷，用几块至几十块竹簧精心拼合成各种几何状的工艺品，改革了简单的直线造型，使色泽浑然一体，器物接榫斗角，不留榫迹，被誉为"天衣无缝"，产品从原来的20多种发展到230多种。有小巧玲珑的小方盒、小圆盒、长方盒、蛋圆盒、正方首饰盒等等，都成批生产出口，年产值达13.7万元，使翻簧生产进入了黄金时代。创新设计组为适应大生产的需要，创造丝网印填彩技法，促进大批量投产。雕刻方面也有新的突破，既继承传统又有新的发展。

浮雕方面也创造了多种雕法，薄浮雕分三类：一为薄地阳纹雕刻，其特点是将花纹以外竹地或邻近花纹四周竹地剔去，使花纹部分隆起，于微妙起伏中见神采；二为陷地薄浮雕，又称肉里纹，将花纹中竹地沿线倾陷，确保周围竹簧地，仅在花纹中雕刻，这种雕法要比薄地阳纹省工、省时；三为有色浮雕，是将没有雕刻的实物有意识着上色彩，待干后涂施点薄剂，前后雕刻，这种雕刻特别适应各种图案纹样。

1979年后，黄岩翻簧又有长足的发展，黄岩翻簧厂创造了丝网印填彩技法，促进了批量生产，翻簧产品出口大幅度提高。正当踌躇满志欲求更大发展之时，一场西方国家向中国大批量进口木制工艺品的风暴，造成了黄岩翻簧的重创。1982年，黄岩翻簧厂正式全面转产，不久又改厂名为黄申工艺礼品联营总厂，人员全部改行。

1998年，为了抢救这一濒临失传的"东方国粹"，在黄岩区政府的扶持下，由"人退心不退"、一直坚持翻簧竹雕研究的异姓传人罗启松领衔的"黄岩翻簧研究所"在原翻簧厂厂址成立。自此，黄岩翻簧作品再次面世，并频频获奖：1999年，荣获浙江中国民间美术作品展览会金奖；2001至2003年，分别荣获第一、二、三、四届杭州西湖国际博览会银奖；2004年，荣获首届中国民间工艺品博览会特等奖；2005年，荣获第六届中国工艺美术大师暨中国工艺美术精品博览会金奖。罗启松亦于1998年7月被授予"浙江省工艺美术大师"的称号，诸多作品被各界收藏。黄岩翻簧，被列入浙江省第一批非物质文化遗产保护名录。

近年来，以"一绣三雕"（绣衣、竹木雕、泥石雕、玻雕）为代表的台州文化遗产日益受到台州市委、市政府的重视和支持，各级领导多次到黄岩参观考察翻簧艺术。为了保护传统、弘扬传统，黄岩翻簧得到黄岩区委、区政府的保护与扶持，设立专项资金成立了黄岩翻簧竹刻艺术馆，以浙江省工艺美术大师顾启望为首的新一代翻簧艺人，正在翻簧竹雕工艺领域不断地挖掘、不断地创新。

（注：本部分参考罗启松《黄岩翻簧简史》）

四、海宁硖石灯彩

海宁是观潮胜地，又是灯彩之乡，古镇硖石制作灯彩的历史悠久。据传，硖石灯彩最早起源于秦代。当时秦始皇东巡江南，令十万囚徒在浙江硖石凿山，以断"王气"，要百姓户户扎灯为之照明，以便昼夜开工。从此，硖石开始有了"灯乡"之称。以后延续到了唐宋时期，灯会更盛，已成为大规模的民间民俗活动，灯彩艺术空前发展，制作技艺精益求精，融工艺、书画为一体，以精湛的针刺工艺而独树一帜，早在宋代就已被列为贡品。现在，在硖石除"走马灯"外，还有栩栩如生的虎、豹、象、狮立体动物灯；群众喜闻乐见的人物故事灯；大型多层次重叠结构的仿古典建筑亭台楼阁等品字台阁灯，以及各灯花灯、花篮灯、灯中珍品"珠帘伞"。其中大型龙舟灯，长几米至几十米，而玲珑小巧的小花灯，仅3—6厘米见方，制作巧夺天工，令人叹为观止。硖石灯彩采用竹篾为骨架造型，糊纸绘图，完全手工针刺花纹，精心制作，巧夺天工。一座灯彩少则刺一万多孔，多则刺二十至三十多万孔，可谓"万窗花眼密"，再配以现代照明技术，集传统"针、拗、结、扎、刻、画、糊、裱"技法与现代高科技于一体，光线透过针眼，勾画出一幅幅形象逼真、惟妙惟肖的图画（图4-12）。

图4-12 海宁硖石灯彩

硖石灯彩不仅名闻江南，在国际上也享有盛名。1910年"南洋劝业博览会"及1934年巴黎"万国博览会"上，均获得奖章和奖状。1955年，周恩来总理将一对硖石花灯作为国礼赠送给斯里兰卡贵宾。1994年海宁市人民政府把硖石工艺社制作的两对宫灯作为礼品，赠给新加坡资政李光耀先生及新加坡中华总商会，受到高度称赞。硖石灯彩是吴越文化孕育出来的一朵奇葩，是海宁世代人民智慧的结晶。在海宁人民的努力下，将有更大的发展。

第二节 民间舞蹈艺术用竹

浙江民间舞蹈大多脱胎于古代的祭神、庆典或劳动之余的休闲活动，以使用道具为重要特征。道具或为神兽，或为动物，或为器具，不一而足。为了增加观赏性，大多数道具体积庞大，制作材料必须满足可塑性强、质地轻盈的条件，因此，竹材便成了首选。比如，余杭滚灯、严州虾灯、淳安竹马、奉化布龙、四明山竹龙等，均是以竹篾编织而成。

一、余杭、海盐滚灯（浙江杭州地区）

滚灯，流行于钱塘江畔的余杭、海盐等地。是一项融技巧、力量于一体，集体育、杂技于一身的汉族古老民间舞蹈，具有多样性、综合性、竞技性的鲜明特征。据上海奉贤区非物质文化遗产保护中心办公室主任徐思燕说，长三角三地都有民间滚灯习俗，其历史渊源在于：长三角是盛产竹子的地方，而民间滚灯的主要制作材料就是竹片；另一方面，自宋代以来江浙地区的祭祀和庙会十分红火，民间艺术滚灯表演成为这些活动的当家表演项目。由此可见，滚灯是特定地理位置所产生的特定区域文化，具有浓厚的区域民间色彩（图4-13）。

图4-13 余杭滚灯表演

余杭滚灯源于浙江余杭翁梅一带，流传至今已有八百余年历史，是节庆和灯会期间表演的具有强烈竞技特点的民间舞蹈。南宋诗人范成大在诗作《上元纪吴中节物俳谐体三十二韵》中曾对滚灯作如下描绘："掷烛腾空稳，推球滚地轻"，可见南宋时滚灯就已流行。余杭处杭州近郊，南宋时为京畿之地，各种庙会活动频繁，滚灯作为旧时俗节迎会仪仗队伍中必出的特色节目，自然十分盛行。余杭翁梅又临钱塘江北岸，古代盐业兴旺，海盗频频入侵，当地民众以滚灯竞技比武，以示实力强大，海盗不敢侵犯。此后数百年间，余杭民间一直把滚灯作为一种吉祥之物、强体之宝、娱乐之器，每逢元宵或庙会（主要是元帅庙会）必参与表演，因而世代相传。而且往往出现在踩街队伍的最前面，因其上下左右翻滚，行人避让，能起到"鸣锣开道"的作用。

滚灯用半厘米厚的毛竹片编成，分大、中、小三种，大的直径一米多高，一百余斤重；球的中心装一竹编球型小灯，内燃蜡烛，有红、黑之分，红心球称"文灯"，黑心球称"武灯"；传统的滚灯有"霸王举鼎"、"金猴戏桃"、"旭日东升"、"鹁鸪冲天"、"白鹤生蛋"、"蜘蛛吐丝"、"荷花争放"等9套27个动作。表演时按一定程序进行，结尾必是"开荷花"。男子表演一般用一只黑心大滚灯，表演时，人换灯不换，并伴以锣鼓，晚上舞动，十分出彩。具有独特的艺术构思和典型的地域特色，展示了中华民间舞蹈杰出的创造力，对探索古代民间舞蹈具有很高的研究价值。它是一种融体育、杂技于一体，集力与美于一身的优秀民族民间文化，深受群众喜爱。

新中国成立以来，余杭民间艺术家对余杭滚灯进行了多次的挖掘、整理。1963年，全国民间文艺家协会会员张长工，在对余杭滚灯挖掘的基础上进行初步加工，并在临平镇和翁梅乡的田野上表演，场面壮观，可谓万人空巷。

随着现代化的发展以及文艺多元化的影响，传统庙会大多消失，滚灯活动机会减少，濒临失传。再者，滚灯制作工艺传人已所剩无几。为此，抢救、保护余杭滚灯仍十分紧迫。国家为了保护濒临失传的余杭滚灯，2006年5月20日，余杭滚灯经国务院批准列入第一批国家级非物质文化遗产名录。

海盐滚灯是带有杂技性、竞技性的民间舞蹈，流传在嘉兴海盐、余杭及金山、苏州等地。据史料记载，海盐滚灯至今已有七百余年的历史。传统的滚灯道具是用竹篾扎成球形体形，分大中小三种，大的内有小球，并有红、黑之分。红心者，文灯，自重二十斤；黑心者，武灯，最重达六十余斤。滚灯套路丰富多变，如"旁蹴滩"、"张飞双跨马"、"苏秦背剑"、"燕子飞"等，风格独特，深受当地群众欢迎。在传统基础上发展起来的海盐滚灯获得第十三届"群星奖"广场舞蹈优秀作品奖，2001年举办的"江浙沪滚灯大会串"得到广泛好评。

二、竹编严州虾灯（浙江建德梅城镇）

元宵节又称"灯节"，是我国重要的传统节日，每逢这一天，各地都会举办各式各样的以灯为题材的活动，而且都带着浓郁的地方色彩，可以说就是这些地方特色的加入，才形成了我国丰富多彩的节日活动。位于浙江建德的梅城镇就有着元宵节独特的灯舞活动——严州虾灯，俗称"虾公灯"，每逢春节、元宵，几乎年年举办灯会，一般正月十三起灯，正月十八日落灯，迎灯六天。浙江建德的梅城镇是古严州府府治所在地，地处钱塘江干流富春江、新安江和最大支流兰溪江的汇合处，在以水运为主要通道的年代，古严州是浙西的水上要塞，自古就是鱼米之乡，水产丰富，尤其盛产青虾。因此，当地人以特产——虾为造型，和元宵灯会相结合，开创了独特的虾灯舞蹈。自古以来，"严州虾灯"是灯会最抢眼的节目，逛虾灯会、看虾灯表演一直以来是梅城人过年的一件大事。

关于"严州虾灯"源于何时已无法考证，一说是相传从元末明初开始，古严州府就有了春节做虾灯的传统；另一说是清同治五年（1866）严州知府戴槃奏请朝廷让"九姓渔民"改贱为良，并获准，百姓贺其事，扎灯为庆。在这两说中，有一个共同的特点，即是严州虾灯的创作均与聚集在严州的"九姓渔民"有关，严州"青虾"是当地的特产，也是严州"九姓渔民"赖以生存的粮食，因此，以虾为灯、以虾灯为道具的舞蹈，显示了"九姓渔民"对美好生活的愿望。

虾灯分为虾头、虾身、虾尾三个部分。据虾灯舞表演艺人陆涟介绍："虾灯的骨架都是竹子制成的，其中最重要的部位是虾身的关节，既要伸得笔直，又得能曲能弓，而关键中的关键又是虾背上的这根脊梁骨。虾灯所用材料必须是三年以上的毛竹，要硬，因为虾背要弓。第二个做工要求也很高，不能有刀疤的痕迹，要一次成形，如果一不小心有痕迹的刀疤，弓的时候就要断掉。"有了好材料还得有好工艺，大虾灯体长7米，身体里有12个用细竹条编扎好的圈儿，大小均匀细致排列。骨架搭好后，再包上鲜艳的彩绸，虾灯就做好了。舞虾灯时，鼓乐喧天、鞭炮齐鸣。"严州虾灯"有大、中、小三种，大虾（俗称"虾王"）和中虾由二人擎舞，或躬或旋，阳刚勇健；小虾则一人独擎，以线牵动，鲜灵活泼。大虾协调动作，小虾走场穿花、摆动跳跃，

图4-14　严州虾灯舞蹈

一派鼎沸景象。十几只生猛灵活的虾灯，尾随龙灯、狮灯、桥灯，成群结队地穿游在大街小巷。当地人称其为"小虾敢与龙共舞"。大虾的头尾由两名壮汉擎舞，相互配合，做弓、旋、跳、挪、展、合等动作。弓时如彩虹，腾挪似蛟龙，或贴地飞旋，或捉对戏须，或摇头摆尾，或跳跃飞舞。舞者疾走如云，盘转似水，前呼后应，进退自如（图4-14）。

三、放河灯

在浙江，每年的七月十五日被称为"鬼节"，又称"中元节"，根据古书记载："道经以正月十五日为上元，七月十五日为中元，十月十五日为下元。"由于是七月十五日，在浙江也称为"七月半"。是清明节之后的另一重要的祭祀时节。

一到那天晚上，家家户户都在自己家门口焚香，把香插在地上，越多越好，象征着五谷丰登，叫做"布田"。有些地方还有放水灯（放河灯）的活动。人们认为，中元节是鬼节，也应该张灯，为鬼庆祝节日。不过，传统观念中人鬼有别，人为阳，鬼为阴；陆为阳，水为阴。所以，上元节张灯是在陆地，中元节张灯是在水里。所谓水灯，即在一块小木板上钻孔，上面用竹篾编织千姿百态的灯笼，在浙江一般为荷花状，中间插以蜡烛，放在水面上随水漂流，当急流将水灯吞没时，岸上一片欢呼，认为鬼魂得到了超脱。宁波地区放河灯，则是为了超度无主孤魂和溺水鬼。绍兴地区放河灯非常盛行，每年农历七月十五到八月十五，绍兴古城的临水人家，都会自己动手扎几只河灯。扎河灯时，一家人也是分工明确：男人们编竹条，把细长的条形竹片弯曲、固定，一只只河灯的骨架就构建起来了；女人们剪裁纱绸，把喜气的绸子附在河灯的骨架上，然后用硬铁针穿连起来；最后，由孩子来插蜡烛——这是最要紧的，因为老一辈的人说，孩子是一家人的未来，一定要他们插蜡烛才能使来年平平安安、顺顺利利。

放河灯时，河面上烛光荧荧，有的地方河灯排成长队像流动的彩带，有的地方河灯散落其间像是天上的星星落入水中，热闹非凡（图4-15）。

四、形式多样的马灯舞

马灯舞是浙江地区流传甚广的、地方群众自娱自乐的民间舞蹈形式，历史悠久，影响深远，地域广泛，浙江的许多县市都有马灯舞活动的踪迹，是人们企求国泰民安的一种民间文化艺术，同时也给文娱生活枯燥乏味的乡村，带来了欢乐的气氛。其形式主要有："竹马"、"跑五马"、"高跷竹马"、"车马灯"、"马灯戏"、"手马灯"、"小马灯"、"马灯"等。流传地区很广，是浙江地区古老的民间歌舞。《新唐书·礼乐志》载："玄宗赏以马百匹，盛饰分左右，每千秋节，舞于勤政楼下。"[1]这是官方关于马灯舞的最早记录。民间的马灯舞于宋朝已经流行，钱塘人吴自牧的《梦粱录》就有民间跳马灯舞的记载。

图4-15　放河灯场景

浙江各地的马灯舞在内容和形式上各有不同，来源也各有说法。一说源于唐代的"竹马戏"舞蹈，其内容表现王昭君出塞和番时的离愁别恨；二说始于南宋之初，为纪念"泥马渡康王"而成。在杭州、嘉兴、宁波、金华等地区盛传南宋皇帝赵构南逃的"泥马渡康王"的故事。在金华传说赵构号称宋高宗后，为纪念泥马渡江（钱塘江）扎纸马以庆祝。当地马灯中的白马，即为康王之坐骑。在嘉兴传说康王渡江下水处即在海盐县，至今民间还有以一匹白马为演出单位的马灯；三说始于盛行骑马习武风气的元朝，用来表达骑士出征英勇杀敌的慷慨壮举；四说始于明代开国时期，朱元璋祈求太平盛世，并为马氏娘娘祈福，恩准民间跳马灯舞；五说源于农历正月灯节习俗，各种生肖属相彩灯高照旋转，人们从观赏高悬奔跑的骏马中得到启示，便产生了马灯舞。

---

① 欧阳修. 新唐书·礼乐志.

不管是何种说法，都寄托了民间一种良好的愿望：灯是光明的象征，跑马灯是万马奔腾、气象万新之意。马灯跑到谁家，就象征着谁家兴旺吉利。

浙江马灯的盛行和习俗、民间传说关系密切。如杭州萧山的竹马班有比颈长之俗，长者为粮食丰收的标志，连年丰收的马颈可逐年加高。粮食歉收的村庄是不能舞竹马的。在杭州淳安县传有关北宋宣和二年农民领袖方腊的坐骑疑阵救方腊的故事等。

马灯舞的道具，是用竹骨扎马架，用彩布装饰而成，竹扎成马的前、后身（也有头尾相连的）系在演员腰上。马灯道具又分两种，杭州市淳安、萧山、临安和金华市各县流传的马灯，是长头颈马灯。它的马身较短，头颈长100厘米，前身高150厘米。用一支宽竹片做颈背，具有古朴、写意的特点，舞蹈时甩动马头颈，昂首奔驰。另一种是宁波地区的马灯，头颈四周均有骨架，头颈硬直，造型与比例如现实生活中的马。眼睛和身内装上电灯，马鞍、项铃装饰如古代战马。金华市有一队马灯，相传是明代传下来的，马灯造型是颈长，身短，马脸扁平，演员身穿戏曲书生巾袍，演唱昆腔曲牌，由丝弦箫笛伴奏，有些词意涩奥难解。温州瑞安县的小头马灯，头小如拳，造型奇特。

马灯舞队有八匹、十二匹、二十四匹；也有五匹，扮赵云、关羽、刘备、张飞、穆桂英等戏曲人物；还有马灯和车子灯一起表演的叫车马灯；更有用竹扎成轿形的车子灯，演员站在车子内，下肢装上假脚，外有车夫推车。大都扮演"关公送皇嫂"、"赵匡胤千里送京娘"、"土地公公土地婆婆"等故事。表演中夹唱民歌小调。有的马灯有马夫作翻、滚、洗马、驯马等舞蹈表演，如常山县洗马舞和昌化县昌北马灯都以马夫表演技艺而闻名。

"手马灯"是手提一盏马灯，"高跷竹马"是演员身系马灯道具，脚踩高跷，均为走阵的舞蹈。有的马灯班带有歌舞和小戏，作为开场，如金华、湖州、杭州等市不少马灯班称"马灯戏"。歌舞节目有"报花名"、"拜寿"、"下南京"等几十种，小戏有"南山种麦"、"卖草屯"、"大补缸"等。马灯班的歌舞和小戏往往又与采茶班、花灯班表演的节目相通用。杭州淳安县跳竹马又称竹马小戏，在清末，发展成为"三角戏"（即生、旦、丑），即后来的睦剧。

1. 淳安竹马

淳安竹马是浙江省具有代表性的民间竹马舞，历史悠久，源于元末明初。据清《淳安县志》记载，朱元璋屯兵淳安鸠坑源的谷雨岭（现称万岁岭），曾遗下战马一匹，因战马思念主人，日夜嘶叫于山岗，然乡民觅而不得，遂以"神马作祟"为惧。为祈祷地方平安，岭下各村百姓皆糊纸竹马，让孩童骑上它，走村串户边跳边索讨"常例钱"，然后买来香纸，连同竹马一起焚化，借以超度战马亡魂。在清康熙之前，"淳安竹马"变化不大，几乎都是以祭祀为主的一种民间活动。在吸收了睦剧的某些艺术特点后，竹马开始与"两脚戏"掺合，简称"两脚戏竹马班"，后来发展为"三脚戏竹马班"，这样竹马舞由最初的神马独舞，逐渐发展成群舞形式（图4-16）。

图4-16　淳安马灯舞

新中国成立后，特别是近些年来，在淳安县委县政府的重视下，县文化主管部门加大了对"淳安竹马"抢救、保护的力度，并进行了大胆的创新，从而发展成今天的大型广场竹马舞，使这一具有浓郁地方特色的民间艺术得以焕发新的光彩。传统的竹马表演有生、旦、丑等角色之分，竹马分红、绿、黄、白、黑等五色，表演竹马的都是青少年男女，分生、旦、丑角色，正生骑红马，青衣骑黄马，小生骑绿马，花旦骑白马，小丑骑黑马。跳竹马也有程式，以"五梅花形"为主，后来发展了"开四门"、"开马盘柱"、"铁索环"等，多达108阵，使人看起来眼花缭乱，目不暇接，非常热闹、壮观。

2008年7月25日，淳安县的睦剧小戏《鸳鸯马》游进了北京，在首都天安门广场进行演出，成为北京迎奥运表演节目之一，这是淳安县稀有剧种首次亮相于全国的大型广场文化活动，特别是其中的跳竹马部分，受到了全国民间艺术爱好者的广泛关注。

睦剧小戏《鸳鸯马》把睦剧表演和跳竹马通过剧情糅合在一起，以开展农家游为剧情切入点，通过反映小豆娘和春狗媳妇从积怨到在村长调解下最后重归于好的过程，展现了构建和谐社会和建设小康社会中社会主义新农村的精神风貌，生活气息浓厚。

2005年，该剧在浙江省第二届现代小戏曲会演中获得编剧、表演一等奖和导演奖、音乐设计奖，总成绩名列各参演队之首。2007年4月25日晚，该剧在浙江省人民大会堂参加了《春涌浙江》优秀节目展演，受到了省委有关领导的充分肯定和好评。2008年7月25日参加"名城·名家·名湖——全国副省级城市党报专栏作家行吟千岛湖"活动的文人墨客，在龙山岛徽派建筑海瑞祠前观看了睦剧小戏《鸳鸯马》后，都赞不绝口。

为了庆贺2008年奥运会在北京召开，浙江省文化厅特别组织了2008北京城市奥运文化广场活动演出，各县市一些优秀的非物质文化遗产项目被文化厅选拔进京进行演出。《鸳鸯马》作为淳安非物质文化遗产项目的一个代表作品，进入国家的心脏地带，在百年奥运的盛大庆典中向世人展示，更凸显了淳安"锦山秀水，文献名邦"的独特神韵和耀人风采。

2. 余杭高头竹马

"高头竹马"是余杭民间众多传统舞蹈中的一朵奇葩。高头竹马流行于仁和镇永泰村一带，因其马头特别高而命名，属于马灯舞范畴，是汉族一种主要的民间舞蹈形式。"高头竹马"在余杭历史悠久，早在宋代就有民间跳马灯舞的记载。但过去的"高头竹马"形式较单一、比较简陋，现在这一传统舞蹈经过几代传承人的发展，特别是经过余杭区文化馆的改编创新，摆脱了愚昧落后的封建迷信色彩，整个节目色彩艳丽、气氛热烈，观赏性与娱乐性并存（图4-17）。

图4-17　余杭高头竹马

3. 宁波八盏马灯（宁波鄞西横街镇）

马灯舞是宁波广为流传的民间舞蹈之一，而八盏马灯唯独鄞西横街镇象南村白象桥所有。

八盏马灯源于1911年，为庆祝孙中山先生领导的辛亥革命推翻清政府而在原有马灯舞基础上创立的，至今已传至第十代传人。

八盏马灯的马灯以竹骨扎马架，用彩布装饰而成（图4-18）。马分前后两节，分别系于表演者的胸前腰后，如骑马状，表演也由原来的四盏（只）增为10人，八人骑马，二人执旗枪。为增加观赏性，于1992年增为两队十六盏马灯，四支门枪。表演时，左手拎马颈，右手握马鞭，在鼓乐声中或疾驰或跳跃，或交叉窜奔或变换队形，表演出一种勇往直前的气概。

图4-18　宁波八盏马灯舞

4. 舟山佛渡岛马灯

舟山各地的马灯舞带有福建、温州、宁波等地马灯舞的痕迹，在海岛生产和生活实践活动中，经过民间艺术人们的更新、改造，结合了丰富的海洋元素，形成了具有舟山特色的民间马灯舞。佛渡岛的马灯舞堪称其中风味独特的一个代表。

明清年间，佛渡岛上就有新春"跑马灯"的习俗，尤以人口较多的捕南村为盛，不仅在邻岛六横、湖泥一带活动，而且还到象山地区拜年贺岁。表演内容以古代戏曲人物和传说人物为主，如"杨家将"、"岳家将"、"三国"人物等，由十二三岁男孩扮演。"文革"期间一度停止。20世纪80年代，为庆祝建国35周年，捕南村组织一支24人的马灯队参加原六横区举办的大游行，以后又连续参加原六横文化站组织的"迎新春彩灯大会串"活动，进入90年代又沉寂下来。2006年，普陀区举办第四届民间民俗大会，捕南村重新组建了一支马灯队伍，以"一马当先"为主题参加民间民俗大会（图4-19）。该节目在沿袭传统的基础上，将马灯的形体增高加大，并添上了状如奔腾飞跃的四条腿，形同真马。改传统戏曲人物为现代京剧《智取威虎山》中的英雄人物，配以气势磅礴的交响乐，令人耳目一新。

图4-19 舟山佛渡岛马灯

佛渡与宁波郭巨隔海相望，交往频繁，经济文化交流密切，因此，捕南村的马灯属宁波式马灯，表演时先"挖四角"，即兜圈子成圆形绕场地，听响器节奏，细步行进；鼓声一停，琴声继起，一人高唱"马灯调"，歌词每段四句，响器敲"小过门"，一段唱完；响器与音乐配合，敲"大过门"。（过门，即唱词前的音乐）接下来表演阵法，一般是表演梅花阵。

旧时马灯均由马将和马夫配对，马将脸敷脂粉，手扬马鞭，马夫作牵马姿势，作疾升竹竿、跟头满地等特技表演，将音乐、舞蹈、杂技、武术融合一起，具有较高表演水平。

佛渡马灯舞传授人马后成，1938年出生。传承人贺志壮，1949年出生，并创作了马灯调（图4-20）。

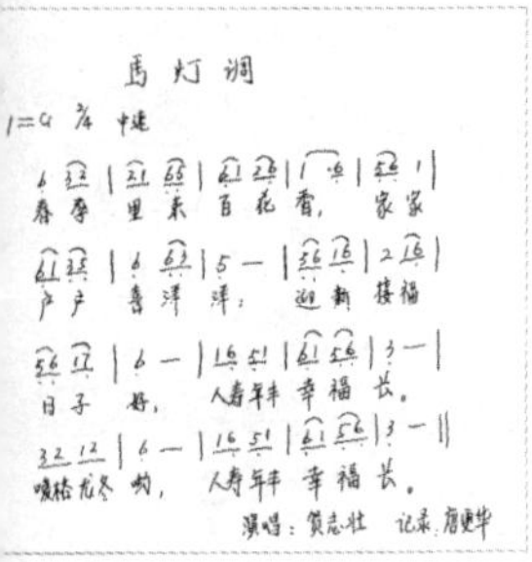

图4-20 舟山佛渡岛马灯歌谱

五、荡湖船（宁波地区）

宁波所属各县有《荡湖船》、《滚狮子》等民间舞蹈，抗日战争时，宁波百姓曾运用这些舞蹈形式，表达新的内容和人物。

《荡湖船》的道具，是用小木条和篾竹扎成一个小巧玲珑的船形，"船"上糊彩纸，以求美观。因"船"以纸糊，重量很轻，（中舱）一女青年可用带子将船舱挂在肩上表演（图

4-21）。表演时，女青年用手作划桨姿态，后"船艄"一男青年作竹篙撑船势。二表演者上半身露出"船舱"面，均化装。"船"前行中，微微摆动，以示优美。

抗战时，《荡湖船·劝郎参军杀敌》以五更调配乐表演，宣传抗日救国。表演时，胡琴、笃板伴奏，男女演员边舞边唱。情节中，（中舱）女青年与（后舱）男青年是一对新婚夫妇，新娘热情鼓励新郎抗日救国，上前线杀敌，以此表达出一个普通农村妇女的美好心灵，并以此激发人们的抗日救国意识。

图4-21 宁波荡湖船舞

六、奉化布龙（宁波奉化）

奉化布龙源远流长，相传迄今已有800多年历史。它是由敬神、娱神等逐步发展而来。奉化布龙用竹篾制成骨架，又以布料作龙面、龙肚，故名。

奉化布龙长度有9节至27节不等，一人持一节，因此可以不受场地限制表演。其舞姿变化多端，动作有盘、滚、游、翻、跳、戏等40多个套路和小游龙、大游龙、龙钻尾三个过渡动作。舞蹈动作有盘龙、龙抓身等诸多跳跃动作和躺在地上滚舞等技巧（图4-22）。在奉化，据说全市有一百多条龙，龙灯队也很多。

图4-22 奉化布龙

除了奉化的布龙外，浙江民间还有其他地区的龙舞道具也是用竹篾扎成的，比如宁海龙灯舞、四明山竹龙舞等等，表现了浙江人民对龙的崇拜，民间认为龙灯可以驱邪保太平，五谷丰登，财源广进，因此在浙江民间都欢迎龙灯到自己场院或屋内龙舞一翻，高高兴兴地付给龙灯队酬劳（红包）。

七、打莲湘

打莲湘是我国特有的民间艺术，尤其在长江流域更为广泛。民间"打莲湘"相传产生在宋朝年间，在民间有这样一个传说。有一天宋朝皇帝设宴，宾客上殿，参见皇上，此时，一位乞丐手持一根竹棒也要见驾，被门将挡住。乞丐却说："我叫洪七公，你们去报告皇上。"皇帝一听"洪七公"，连声说："他是我的救命恩人。"便吩咐上殿。在酒宴之中，皇上兴奋之余邀请洪七公表演一段民间小曲助兴，洪七公为了不失礼，在不会唱曲的情况下，就用手中的乞丐棒"上下左右、脚踢手敲"，打了一段。皇帝看了称赞"动作优美"，连声说"好"。还说如有响声更好，可以边敲边响，并赐名"打莲湘"，封"洪七公"为莲湘祖师爷。皇帝金口玉言，从此"打莲湘"就成为一种民间娱乐形式，传到民间。因为"洪七公"是乞丐出生，故也称"莲湘"为乞丐棒。百姓把"打莲湘"作为节庆或在庙会中的一种娱乐形式，来祝愿国泰民安、风调雨顺。

打莲湘由一人手拍竹板为唱，三四人手摇莲湘和之。莲湘系一根约长三尺、比拇指粗的竹竿，两端镂成三个圆孔，每一孔中各串数个铜钱，涂以彩漆，两端饰花穗、彩绸，亦称"竹签"、"花棍"（图4-23）。舞时可由数人、数十人乃至上百人参加。表演时，男女青年各持莲湘做各种舞蹈动作，以莲湘敲击肩、臂、胸、脚等部位，亦可男女双人对打，形成舞、打、跳、跃的连续动作。行进时，可打出前进、停留、蹲下等多种步法。广场

图4-23 打莲湘

上可组成十字、井字等队形，随着男女交错对击，一起一落，节奏鲜明，动作活泼。

除上述介绍的浙江民间舞蹈外，还有大量的民间舞蹈用竹，如郭吴金龙、报福统里花灯、梅溪女子双龙、天荒坪马灯、山川乡灯会、孝丰镇孝子灯、章村镇畲族竹竿舞、递铺镇石鹰舞龙、梅溪镇鱼灯、昆铜乡竹叶龙……因篇幅有限，此处不作详细介绍。

第五章　竹器物工匠

　　从原始人类的生活、生产方式来看，早期的手工制品技术较为简单，并非由专人生产，一般人就可以制造。随着人类社会的进步，生活、生产水平的不断提高，对于劳动的技术要求也越来越高，许多具有技术难度的器具用品，制造逐渐归在了一部分人的巧手里，手工业制造逐渐向专门化发展，久而久之工匠便产生了。这部分工匠以制作器物为谋生手段，随之而来的便是器物的交易，只有通过交易，工匠的谋生才成为可能，这样器物也较为广泛地流传了。总之，工匠的产生，归根结底是手工制品逐渐向专门化发展的必然结果，也是古代人类社会进步的标志之一。

　　由于竹器物在民间的大量应用，由此出现了专门制作竹器物的工匠。早期的竹工匠一方面继承了前人留下来的生产技术，另一方面则根据各区域人们生活、生产的特点，以实用为出发点，又重新设计或创造这些器物，以至于形成了衣、食、住、行、用等各个领域的大量的竹器物。从我国各地的考古挖掘中，可以发现各种竹器物无论从形制还是文字记载上均表现出了大量的相同或相似性，完全符合工匠反复制造的生产特点。因此，竹工匠的出现应该和其他早期工匠一样，是中国最早出现的匠作类型之一。

　　在竹类资源丰富的浙江地区，自然是产生和发展竹工匠的最佳土壤。在竹工匠存在的几千年时间里，可以说形成了一系列的与竹工匠相关的民俗及其他文化事象，诸如，竹工匠神的崇拜、竹工匠行业组织、竹工匠的技艺及传承、竹工匠的做工形式等。虽然就中国的竹工匠而言，许多内容是相同的，但也有一些是浙江地区所特有的。即使是在浙江境内，区域与区域之间也存在着一些细微的差异。对于浙江竹工匠的描述与考察研究，可以看出工匠作为竹器物的制作者在过去和现在的不同遭遇，在这些遭遇中，也可以看出社会文化变迁中人们生活的价值取向。

第一节　竹工匠行业神

在中国各个工匠行业中，行业神的崇拜是普遍存在的。行业神又称行业守护神、行业保护神，是从业者供奉的用来保佑自己本行业利益，并与行业特征有一定关联的神灵，行业神崇拜是人类信仰史中的一个过程，是民间信仰的一种类型。远在社会分工和行业产生之前，神灵崇拜就产生了。但由于当时没有行业，也就没有行业神崇拜。行业神崇拜是随着社会分工和行业的产生、发展以及行业观念在从业者头脑中的确立而出现的。有了社会分工和各种行业，各行业也就有了自己的利益和要求，也就需要制造出适应本行业特点和需要的、用来保佑本行业利益的行业神。

与其他诸工匠相比，竹工匠的地位是比较低下的。另外，从业者数量与其他行业比较，也少得多，而且竹工匠大都兼顾农业生产，属于"农闲工"性质，在经济收入上不存在发财致富的可能性。因此，许多地方的竹工匠并没有形成一定的行业组织，属于较为分散的个体，组织观念比较淡薄。即便如此，在中国各地竹工匠中行业神的观念还是普遍存在的，其中保存着许多关于行业神的传说。

一、关于行业神的崇拜

马克思主义认为，宗教的根源"不是在天上，而是在人间"。恩格斯曾经讲到产生宗教的两种压迫：一种是社会力量对人们的压迫；一种是自然力量对人们的压迫。正是由于上述的两种压迫，才形成了底层人们对于神的崇拜。在旧时代，由于生产力不发达，科学不昌明，社会制度不合理，社会动荡不安，使得从业者谋生非常不易，他们常常遇到难以解决的困难和问题，时时感到难以掌握自己的命运，于是便把这种命运归因于神的主宰，乞求神的保佑。求神保佑的具体内容很多，概括起来有两个方面：一是祈求获得利益和成功，二是祈求消除困难和灾祸，也即祈福禳灾。求神保佑、祈福禳灾作为一种信仰心理，在行业神传说中也反映出来。从业者常常通过传说来寄托和表现自己求神保佑以消灾纳福的愿望。这些传说的情节，主要是行业神如何显圣，如何解救从业者，如何敬业，以及在神界战胜危害从业者的恶神等内容。

另外，行业神崇拜产生的原因，除了自然和社会两种压迫这一根本原因外，还受祖先崇拜与崇德报功观念的影响。中国古代传统的祖先崇拜是崇拜有功绩的远祖和血缘关系密切的近祖。祖先崇拜观念扩展到行业信仰上就是祖师崇拜。中国传统的敬老、尊师习俗实际就是由祖先崇拜延伸和推演出的。在行业中，"师徒如父子"，"一日为师终身为父"，师傅可以视同父亲，最早的师傅则可以视同祖先，亦即祖师。崇德报功，即崇拜、追念、报答有功绩的古人，是先秦以来的传统观念和儒家礼教。在从业者看来，他们所从事的行业、所掌握的技艺都是祖师所创立和发明的，祖师是留给自己谋生之本的大恩人，因而便虔诚地崇拜祖师，追念祖师的创业之功，并力图报答祖师的恩典。

上述是行业神或行业祖师崇拜产生的原因。随着行业神传说的不断补充和发展，行业神或祖师实际上已经成为各行各业的精神领袖。对各行各业之间的关系、本行业的管理以及社会生活习俗产生了较大的影响。这些影响渐渐便成了行业神崇拜的目的。

借神自重是行业神崇拜的一个重要目的。在封建制度下，行业间存在着高低贵贱的等级差别，即上、中、下九流之类。从业者多有这样的心理：祖师爷的身份和地位是行业地位的重要标志，祖师爷身份和地位的高低，与行业地位的高低有着直接的联系。比如在浙江的五大匠（石匠、泥瓦匠、木匠、篾匠、裁缝）中，一般均以石匠为首，篾匠在五匠中的地位仅强于裁缝，有些地方甚至以此来规定入席的位置安排，如石匠坐首位，篾匠、裁缝不能与地位较高的工匠同桌。另外，在从业者看来，祖师的身份、地位不仅与本行业在诸行业中的地位有关，还关系到本行业在社会上的地位和名声。他们觉得，祖师爷的身份高贵，地位崇高，行业的地位也就高了，名声也就响了。

借神自重的一种方式是抬高和夸耀所奉祖师。一些行业所奉的祖师原来不是帝王将相，却被打扮成帝王将相。如本为工匠的鲁班被尊称为"圣帝"（图5-1），厨业所奉的詹王本是传说中的厨师，也被称为"詹王大帝"。许多本非帝王将相身份的祖师神的神像被画像塑造成身穿朝服、装类王者的模样。当然，借神自重对提高行业地位不会起到什么实际的作用，但对于增强从业者的职业自豪感则会起到作用，对有些从业者来说，甚至会起到精神支柱的作用。

图5-1　鲁班神像

行业崇拜神的另一个目的是团结和约束同业同帮。当一定区域内行业人数形成规模后，从业者之间的矛盾往往趋向于复杂化，因此就产生了行业组织，类似于现在的协会，这样行业组织所奉之行业神的重要目的和作用之一就是通过供神来团结或约束同业同帮人员，从而达到维护行业或行帮利益的目的。

二、竹工匠行业神

竹工匠的主要匠作形式是篾匠。有关篾匠（或编织业）祖师爷的传说有许多版本，比如在湖南益阳，蜀国国君刘备被奉为水竹凉席业、编织业祖师。俄国汉学家李福清（Riftin，Boris Lyvovich）在《中国神话》一文中云："蜀国国君刘备年轻时曾以贩履织席为业，因此他就成了编织行业的神。"《洞庭湖的传说》记有刘备传授织席技艺的传说：湖南益阳有个叫沈知进的人入竹林砍柴，一个双耳齐肩、面色红润的人走过来说："我乃蜀主刘备，原以织草席为生。见你勤劳忠厚，特来帮你。你屋后的水竹可破成篾，织成篾垫。"并告诉他破篾的方法。沈知进按此方法便织出了名扬天下的水竹凉席。为了感谢刘备传艺之恩，沈知进在益阳三堡处建了一座"帝主公庙"，庙中供有刘备全身塑像。[①]而有些地方也有奉泰山、鲁班、张班、荷叶仙师等人为祖师的。在浙江地区，据《金华地方风俗志》载："金华的篾匠既有奉鲁班为祖师的，又有奉泰山为祖师的。"[②]《浙江风俗简志》记载，杭州郊县、宁波、湖州的篾匠皆奉泰山为祖师。

在浙江众多的传说中，描述最多的要数"泰山祖师"。但关于"泰山"的说法，除了"有眼不识泰山"这个典故的名称具有较大的认同性外，各地对其中的故事情节却存在着一定的差异。存在这些差异的主要原因是中国民间的口承文化所带来的误差，传得多了，再加上一些人的添枝加叶，差别也就大了。但对于工匠来说，不管是"泰山"还是"张班"，或者什么样的故事情节，在他们眼里只是一个叩拜的对象和相互传颂的故事而已，因此，具体的出自哪方的故事就无法考证，也无足轻重了。当然，对于民间文化的研究来讲，这些故事虽然有较大的随意性，但由于在过去的农村相对较为封闭的状态下，其内在的传播随着时间也具有了一定的地方特色。而且这也是技艺传承中的一部分，就像"历史"课程一样，成为工匠脑子里的知识体系，并代代相传。下面是两则比较典型的有关篾匠泰山祖师的传说故事。

据龙游县沐尘乡民间篾匠艺人缪昌奇的口述记录（武幸夫整理）：

篾匠的祖师爷名叫"泰山师"，相传他与"鲁班师"是好朋友，一个精于器具的设计（泰山），一个精于器具的制作（鲁班），二人配合默契，鲁班有妻室，而泰山单身，其趁鲁班长年

---

① 中国民间文艺研究会. 洞庭湖的传说[M]. 长沙：湖南人民出版社，1985.
② 章寿松. 金华地方风俗志[M]. 杭州：浙江人民出版社，1989.

在外制作器具之机，与鲁班妻有染。天长日久，鲁班似乎有所察觉，但无凭据，心里很不舒服，一日，泰山设计"米筛"（一种能筛选米与谷子的竹编器具），欲请鲁班师制作，鲁班心存不悦，不肯帮忙。没办法，他只得自己动手编织。待吃晚饭时，鲁班妻对鲁班说：你猜今天做的米饭中为何没夹带谷子？告诉你，是用泰山设计编织的"米筛"筛选过的，你不肯帮忙，但他还不是照样能行？鲁班闻言，用吃饭的筷子往桌上猛地一戳，惊道："啊呀，我真是有眼不识'泰山'。"这就是篾匠祖师爷名为"泰山"的来历，而鲁班的这一戳，却因用力过猛，竹筷反弹，戳瞎了自己的一只眼，这就是木匠常用一只眼做活（实际上是闭一只眼来瞄线）的缘故。

另一则关于篾匠"泰山"与"鲁班"的故事记录：

鲁班在木匠行业名满天下，前来学艺者络绎不绝，学艺的队伍中有一个叫泰山的年青人。俗话说：名师出高徒。不少徒弟经过三年学习，出师自立，功成名就。令鲁师傅大伤脑筋的是这个泰山学了三年，却什么也没有学到，不能独当一面自立谋生。更令鲁师傅生气的是，这个泰山还不用心听讲，鲁师傅传艺时常常心不在焉。为了不败坏自己的名声，鲁师傅一气之下，将泰山赶出了山门，并宣布断绝师徒关系，即今后泰山不要说是鲁班的徒弟。

若干年之后，鲁班师傅领着一批徒弟下山逛集市，在一条街上被精美的竹制品吸引住了，看着活灵活现的竹制鸡、猪、牛等工艺品和桌、椅、床等用具，鲁师傅拍手叫好，感叹道："世上竟有如此篾匠高手！"于是，鲁师傅请求店家带他去拜访这位篾匠大师。鲁班一行穿堂入室，来到了篾匠师傅的会客厅，两人一见面，鲁班师傅惊呆了！这位篾匠大师不是别人，正是当年与他断绝师徒关系，被赶出山门的泰山。泰山见鲁师傅前来，也不计前嫌，上前喊一声"恩师"，下跪便拜。久别重逢的师徒二人品茗叙旧、感叹人生。鲁师傅从叙谈中得知，泰山本是学篾匠，技艺不凡，在当地小有名气。泰山对竹器加工也情有独钟，并将它作为终身追求的事业。可谁知父母听说鲁班手术好，木匠赚钱比篾匠多，非要逼着泰山改行去学木匠。父命难违，泰山无奈，只有告别了心爱的篾匠工作，拜在了鲁师傅门下。但是，他的兴趣仍然在篾匠，对木匠索然无味，听着木匠的课，想着篾匠的活，因此，技艺难以长进。便有了被鲁师傅赶出山门的悲剧。离开鲁师傅后，泰山并没有气馁，仍重操旧业，并不断学习创新，便有了这制作竹制品的好创意、好产品。鲁师傅听完泰山的一番叙述，百感交集，并深深地自责，发出了一声感叹："我真是有眼不识泰山啊！"

另外，浙江地区还有一些篾匠神的故事涉及荷叶仙师、张班等人物，而且均与鲁班有密切的关系：或为徒、或为妻、或为师兄、或为朋友。竹篾业所以奉鲁班及其周围的人为祖师，当本于鲁班为木匠祖师，而竹木相近。不奉鲁班本人而奉鲁班周围之人为祖师，认为篾匠是"小息"出世，干活多取蹲式，被贬称为"篾乌龟"。另外，篾制产品又难登大雅之堂，因此篾匠的地位低于石、木、瓦匠等行业。旧时浙江，在吃饭入席时，篾匠不得与铁、石、泥、木诸匠同席。所以，像金华地区有些地方的竹篾匠因木、瓦、石等工匠而不承认鲁班是篾匠祖师，而奉泰山为祖师，有一番道理。现在，石匠或铁匠为大之俗仍存，而歧视瓦匠、裁缝、篾匠之风已渐趋消失。

这些故事的另外一个共同点就是对工匠在道德、伦理上的要求。在所有的故事传说中，其内容无非只有一个，那就是如何的"勤奋"、"谦虚"和"尊师"，如何的把"爱好"作为学徒的首要因素等等，这些故事内容的存在似乎在约束和规范从业者的行为方式，而且这些故事的传授者均是师傅级的，对师傅来讲，除了把这些从上辈传承下来的故事延续下去外，另一个目的便是告诫徒弟"尊师"乃学徒之首要。

第二节　竹工匠技艺及传承

"匠"按浙江方言的称呼一般以"老师"或"某匠师傅"为主，比如"篾老师"、"拗椅子老师（专门制作竹家具的工匠）"、"木老师"、"泥水老师""漆匠师傅"等等，"老师"或"师傅"是对工匠的尊称。

在浙江有着一定技艺的工匠是受人尊重的。一方面，在旧时相对比较贫困的环境里，有手艺活和没有手艺活俨然存在着经济条件上的差异，一般有手艺活的家庭条件要好些，因此，便有了"千亩田、万贯产，不如学会一门手艺"，"一门手艺在手，走遍天下能糊口"，"做手工艺不愁水旱饥荒"的社会价值观导向。也就是在自给自足的自然经济条件下，有了手艺就多了一种生存的本领。而且这种优势还体现在其他各个方面，比如，有手艺的年轻人在谈婚论嫁时，会有一定的优势。由于接触的比较广，在社会交往方面也存在着优势，这样从整体上便体现了"工匠"之于社会的价值。在这种价值的驱动下，一般的父母均希望自己的孩子有一门手艺活，来提高家庭的经济收入和社会地位。另一方面，工匠所从事的工作，大多和人们的生活、生产有着密切的联系，家里缺什么或者需要补什么，均通过工匠来完成，为了能让工匠把活做细致些，为了能让自家的口碑好些，往往会千方百计地"讨好"工匠，除了付给工匠的工资外，还要备上香烟和茶水，并且在饭菜上热情款待。

在上述两方面因素的促动下，20世纪90年代之前，学习工匠技艺成为年轻人从学校毕业后的主要选择。年轻人从学校毕业后，他们的父母便会考虑他们该从事什么手艺，以及如何择师的问题。这时家长一般会选择具有较好的经济收入的行当。根据调查，每个区域的人的思想观念是不同的，比如，象山县一般首选泥水匠、木匠等行业，而在龙游和安吉则选择木匠、篾匠的人较多。因此，现在象山县之所以成为著名的"建筑之乡"，龙游、安吉成为全国竹加工业基地和被誉为"中国竹子之乡"，这与当时的整个社会环境和观念是分不开的。也就是说，工匠的繁荣一定程度上决定了现在农村的经济特色。

除了工匠受到尊重外，社会需求也是旧时工匠大量存在的主要原因。浙江盛产竹子，因此，老百姓日常用具便多以竹子加工而成，大到房屋，小到竹床、躺椅、竹椅、桌子、凉席，小及菜篮、箩筐、背篓、筛子、簸箕、畚斗、扁担、竹笠、竹筷……连热水瓶的壳子、盛饭的淘箩、扫地的扫帚、刷锅的竹笕帚都是竹编的。"吃、穿、住、用"人生四大件中，竹器物几乎占据一切领域。竹器美观大方，牢固结实，经久耐用，且就地取材，因而生命力也就长盛不衰了。连庄户人家的篱笆、菜棚，也都是用竹子搭建而成。竹子能成为乡民生活中的宝，全仗巧手的篾匠师傅。因此那个时代，做篾匠的人就很多，学篾匠手艺的人也多。早些年在浙江，篾匠和木匠、箍桶匠、泥水匠、铁匠并称"五大匠人"，可见篾匠在浙江一带还是比较重要的。

一、竹工匠学艺规矩及做工形式

1. 竹工匠学艺规矩

拜师。旧时，工匠多为随父或亲眷学艺，也有出门拜师的。在宁波，学徒拜师先找"保头人"（介绍人）推荐，首次见面得送见面礼。礼有大小，但至少得两瓶酒，一个猪头，两个包（糕点糖果类），一个红包。若师傅收下见面礼，表示愿收下徒弟；若退还见面礼，表示拒绝接受。征得师傅同意后，订立"师徒合约"，方可上门。学徒期三年，没有工钱，对意外伤亡事故师傅不负责任。逢年过节，徒弟要向师傅送礼。学徒满要办"满师酒"，祭祀祖师，学徒须向师傅、师母行三跪九叩大礼。学徒满师如仍随师做活，称"半壮"，其工钱只能拿师傅的一半。离师做工，或承包业务，不得抢师傅之生意，否则叫"捉师傅帽子"（宁波方言）。

黄岩县的翻簧竹雕工艺，由于它是一门集书、画、雕于一体的综合性艺术，招收徒弟条件很高，要求有一定的书画基础，思维要敏捷。与师傅面谈后，师傅还要看过拜师者所作的字画，才决定收徒与否。翻簧竹雕工艺学徒期为五年。第一年叫徒弟干些锯竹、擦雕刀等杂活，间或学些素描和书法。从第二年起，师傅教他学浅雕，学习顿、戳、转、折等刀法，刻些山水花鸟人物等。第四年起，学习难度更大的浮雕。还要熟读《唐诗三百首》、《宋词》、《古文观止》这三本书，徒弟在满师前必须背得滚熟。这期间，上午学习素描和拉线，下午学雕刻，晚上练书法，正楷、行书、草书都得练。出师前夕，徒弟要向师傅献上作品，称"谢师图"，师傅看后觉得满意，才同意徒弟办满师酒。

起师。初学艺时，先给老师磕一个头，然后，试学十几天。试学后，不行的就辞退，行的就写一张"投师帖"。写"投师帖"时，徒弟需请一桌客，一壶酒四个菜。在场的有老板、师傅、保人、学徒的家长。酒席是徒弟老板各拿一半钱。"投师帖"的内容大意是：学徒进店后，如生病、死亡与老板不相干；学徒逃跑如拿走老板东西，老板找保人；学徒须学艺三年，谢师一年。另外一般要求学徒留平头、和尚头，衣服不带口袋。学徒期间，店老板仅管学徒吃饭、洗澡、剃头，其余学徒自理。学徒在家里刷锅、带孩子、伺候老板和大师傅；在店里要上下门、摆货、扫地、冲茶……如同小佣人一样。直至新的学徒来到时，他才能解脱这些杂务。

在舟山，学徒拜师之日叫"起师"。拜师要写契约，有严格的规矩：学徒三年之内除过年（腊月二十五至正月初五）可回家外，其余时间即使路过家门也不得回家；学徒期间若遭师傅殴打，以至受伤致残致死，师傅一概无罪；每逢春节、端午、中秋、重阳等节时，徒弟都应向师傅送节礼，等等。

满师。三年学徒期满，叫"满师"。学徒满师要办酒，叫"谢师"酒，办谢师酒时，要把师兄、师叔、师伯都请到，师傅当面向诸位介绍，并请他们给徒弟外出谋生时给予方便。学徒满师后，有的另从别的师傅进行深造，叫做"过堂"。一般从自己父亲或叔伯处学满三年后，都要另去求师过堂。

敬师。学徒在做活和生活上要随时注意敬师。如同席就餐，师傅坐上位，徒弟坐下位；要先给师傅筛酒、盛饭，待师傅开筷了，徒弟才可动筷吃饭；师傅吃完饭放下碗筷时，徒弟也得放下。徒弟搛菜只能搛菜碗中靠自己面前的菜，不可捣菜碗；徒弟平时不得与师傅同席饮酒，只有在"竖屋"[①]时方可喝几杯竖屋酒。

2. 竹工匠做工形式

点工。"点工"方式是业主备齐材料后，通过熟人介绍或闻名前去招请工匠，按日计酬，做一天拿一天工钱，主人家包饭，是浙江民间竹工匠做工的主要方式。

清包工。所用材料由主人备齐，但不备饭食，不计工时，直到完工，按照口头协议或承包合同付款。在浙江民间的家庭小活多为口头协定工钱，无须签订合约，如是大合同，则通常需要订立合同，并签字画押。

重包工（包工包料）。主人只管验收质量，不管吃，不管工时和材料，按工期进度分期付款。

除了上述三种做工形式外，也有以"日头"计时的，做一个"日头"为一天，若主人要求延长日工作时间，俗称"开夜班"，发给双工钿。若工程较大，多承包给"作头师傅"，由"作头师傅"包给"小包作头"或个人，谓之"大包"、"小

①　竖屋，浙江方言，意为建宅完成时的一种仪式，一般要置办"竖屋酒"。

包"和"拆包"。宁波工匠多以帮合伙承包工程，各帮有头，管理业务。

二、竹工匠技艺

每一类行业均有一套比较成熟的技艺，工匠们正是按照祖祖辈辈流传下来的特有的范式和技艺进行着创作，这种技艺可以说是劳动人民集几百年甚至几千年积累下来的经验，并形成的一套相对固定的范式。虽然对单个工匠来说，制作一件器物并不需要很强的创造性，但在器物的制作中，还是显现了一些技巧。一件普通的竹制品，从选材到材料加工再到器物制作，均需要相应的技术要求。另外，迫于生计的压力，一般工匠对自身技艺的要求都是比较高的，尽量地做好，然后建立一定的口碑，这样也就有了可以持续的业务，收入也就高了。

浙江竹工匠主要分为三种，一种是篾匠，一种是竹家具制作工匠，另一种是竹刻工匠，这三种工匠都分别有一定的制作范围，从篾匠来看，主要是通过编织方式来完成器物的制作，制作的器物主要有竹席、筥箕、团匾、竹箩、竹筛等，从竹家具匠来看，主要是通过斫削方式制作器物，主要有竹床、竹榻、竹椅等器物。而竹刻工匠则是专门制作竹制工艺品的，如竹根雕、翻簧竹刻等。

1. 篾匠的技艺

由于需求大的原因，旧时篾匠在浙江三类竹工匠中的数量是最多的。其制作技艺也较为复杂，一般可分为砍、锯、切、剖、拉、撬、编、织、削、磨等工序，作为篾匠就必须样样通晓，件件扎实。从锯成竹段，剖成篾片，到编织成竹编用具，要经过上述的所有工序，而且大多需手工操作。剖的篾片，要粗细均匀，青白分明；编的筛子，要精巧漂亮，方圆周正；织的凉席，要光滑细腻，凉爽舒坦。

图5-2 破竹

图5-3 劈篾

从选材来讲，篾匠选材颇有讲究。如选竹，春竹不如冬竹，春竹嫩，易蛀，冬竹又要选小年的冬竹，有韧劲；不管春竹冬竹，必须要鲜竹，才能编篓打篡。当日砍来的鲜竹最好放上几天，但最多也不能放过10天，否则剖不出篾来；刚编好的竹器不能马上放在太阳底下曝晒，否则要晒坏。竹子劈成较细的篾青和篾黄后，因篾黄比篾青的结实度要差，所以篾黄往往编织在器物的次要部位，而竹器的受力部位，就要用篾青来做。另外，像经常跟水接触的用具，如篮子、筲箕之类，就不能用篾黄，而且大多是用本地的小竹子，坚固耐用。

破竹，是篾匠的绝技，一枝笔挺的毛竹去枝去叶后，一头斜支在屋壁角，一头搁在篾匠的肩上，只见篾匠用锋利的篾刀，轻轻一勾，开个口子，再用力一拉，大碗般粗的毛竹，就被劈开了一道口子，啪地一声脆响，裂开了好几节。然后，顺着刀势使劲往下推，竹子节节劈开，"噼啪噼啪"响声像燃放的鞭炮。到了一半篾刀被夹在竹子中间，动弹不得。此时，篾匠师傅再用一双铁钳似的手，抓住裂开口子的毛竹，用臂力一抖一掰，啪啪啪一串悦耳的爆响，一根毛竹訇然中裂，竹子被破成了两半（图5-2）。

劈篾，是篾匠的又一项绝技，也是工序最多的一个环节，而篾匠活的精细，全在手上。从青篾到黄篾，一片竹竟能"劈"出八层篾片（图5-3）。篾片可以被劈得像纸片一样轻薄，袅袅娜娜地挂在树枝上晾着，微风一吹，活像一挂飞瀑。然后是"拉"，首先将两片剑门按照所需篾片的宽度固定在长凳上，接着，篾匠用一竹制夹子夹住篾片，篾的一端从剑门中间穿过，另一人则在前面拉篾，使所劈竹篾宽度一致（图5-4）。然后是刮篾，使篾片厚薄均匀，这道工序是用刮刀固定在长凳上，篾匠用拇指按住刀口，另一人在前面拉篾，一根篾条，起码要在刮刀与拇指的中间拉过四次，这叫"四道"。厚了不匀，薄了不牢，这全凭手指的感觉与把握（图5-5）。

图5-4 拉篾

接下来是专心致志的编织。篾匠师傅把竹丝横纵交织，一来一往，编成硕大的竹垫、圆圆的竹筛、尖尖的斗笠、鼓鼓的箩筐。譬如编竹席，篾匠蹲在地上，先编出蒲团般大的一片，然后就一屁股坐下来，悄然编织开去（图5-6）。编一领竹席，少则三天，多则四五天，耐得了难忍的寂寞还不够，还要有非凡的耐心、毅力，甚至超然物外的境界。篾匠的话很少，或许，绝大多数都编进冰凉、光滑的竹席中了。一同编进去的，有平凡得百无聊赖的岁月，有清贫、淡泊和期望，还有篾匠默默无闻近似平庸的生涯。

图5-5　刮篾

篾匠的营生比较辛苦，看他们的双手，用"树皮"两字来形容应该是最贴切的。十根指头，像十支虬盘的树根，粗糙龟裂的手，贴了五六条虎皮膏药。要是在寒冬，这双老手必定是沟壑纵横。有一句俗话叫"出不了手"，说的就是手在交往中给人的第一感觉。有谁愿意挣如此辛苦的钱而让自己的手变得粗糙不堪？大概，百行中也只有篾匠师傅了。另外，十个篾匠九个驼，他们走起路来，慢慢显示出一双罗圈腿，我想，这十有八九是因为编竹席造成的。成天伏在地上编竹席，弯腰、曲背，怎能不驼不罗呢？农民的汗水落入土里，篾匠的汗水却是熬尽在丝丝缕缕交织的竹席里。民谣说：医生屋里病婆娘，石匠屋里磨光光，木匠屋里栽架子床，篾匠屋里破筛篮。意思是说，做手艺的大都在为人作嫁衣裳，自己家里却一无所有。不过，我想，只要田里还长谷子，篾匠就不可或缺，存在的本身就是价值。芸芸众生，尽管卑微，但有一席之地，足矣！

图5-6　编织

篾匠制作新品一般都是在作坊制作完成，作坊都是以家庭为单元，最多带几个徒弟。新品制作后到集市出卖，特别是在集市那天，买卖篾制品的非常多。集市是农村篾制品普及千家万户，使用广泛的重要窗口。对篾制品的修理也是篾匠的活计，旧时的篾匠也挑着担子进村入户，担子的一头是工具，另一头是劈好的各种篾条，篾匠进庄也吆喝："修筛子盘箩……"需要修理的农户或需添置新篾制品的都找其商谈，洽谈成功立即坐在客户门口干活，这样能吸引村民围观，以便有更多的客户来商谈修理篾制品或购买新篾制品事宜。现在，绝大多数篾匠已不挑担子，而是骑着自行车走街串巷，自行车后架上扎一工具箱，两边挂着几卷劈好的篾卷。这样就加快了速度，又减轻双腿的劳累程度。在城里，人们见得最多的是篾匠编织凉席，每当春、夏两季，各居民小区、后街小巷，常见编织凉席的篾匠在树荫下、墙脚或路边席地而坐，新编或修理凉席。

早些年，还可以看到走村入户上门给人家干活的篾匠。现在乡村民居几乎都用上了塑料制品，很少有人再约篾匠到家里编织日常用具了。篾匠的身影在乡村消失了，他们全都躲进家里，在农闲之余，编制些竹筛、竹匾、簸箕、竹筐、竹篮之类的，趁着附近乡镇还保持着一年一次的庙会，将所编的东西挑到街上，多少卖个价钱，换些油盐，贴补家用。

2. 竹家具工匠的技艺

竹家具制作，指用竹片或整个竹竿为结构材料，通过拼接等组合方式制作成产品的过程。竹家具制作与竹器编织的主要区别之一在于使用的竹材形状有所不同。竹编主要采用将竹竿劈开后剖成的篾片、篾丝，而竹家具制作主要采用的是锯削成的竹竿。因此，竹家具制品也称为"浑货"。又因为竹家具所用的竹材（竹竿）长度比竹编织所用的竹材（篾）长度要短得多，竹家具制品又称为"短篾货"，竹家具工匠则称为"短篾工"。

竹家具的用料，根据结构部位的不同，大致可分为架料（即制作框架部分的用料）和面料（即制作面板部分的用料）两种。架料通常选用中、小径竹，面料则选大径竹。由于竹竿是有节的中间空的圆筒形状，不能像木材那样可以较容易地直接通过锯、刨、削等手段，加工成各种产品结构部件。因此，竹家具工匠在制作时除了首先要注意选择符合产品制作要求的粗细合适的竹竿外，还要将竹竿进行种种处理，如弯曲、刮青、烫花等，以使竹竿或竹竿表面按一定的要求改变原有的形状和色彩，符合产品制作的需要。

竹家具制作，首先是变形处理。竹子的一个重要特征是：在高温下，竹竿表面会有竹液溢出，这时竹竿质地变软，在外力的作用下就能使其弯曲变形，然后再迅速降温，就能使竹竿弯曲的形状定型，并且经过长时间的使用也不会复直。这一工艺在竹家具制作中是经常使用的。竹竿弯曲主要有两种方式，一是烤弯，二是锯弯。竹竿弯曲的制作工艺也是较为复杂的，烤弯小竹管，工匠需把竹管的一端卡在特制工具上，然后用火把在需要弯曲的地方不停地移动烘烤（图5-7），使其均匀，特别注意火烤的程度，要分清水泡和汗青，否则竹管容易爆裂。当烤到一定程度的时候，慢慢把竹管弯曲到所需的曲度，用水冷却定型。如果碰上弯曲曲度较大，则需要用锯弯的方式进行弯曲。针对制作成包榫的大竹管弯曲，工匠需用挖刀挖去剜口竹壁内层的竹黄和竹肉层的纤维，挖去的尺寸需要根据所包竹管进行简单的计算，再用火烘烤，在弯曲时需用所包竹管进行扣搭，使之完全包住。

图5-7 烤弯

经过弯曲处理的骨架料，如果是做家具，那么除了削平竹节突出部，使竹节部位和节间部位大致一样圆平外，还需要刮青，即用篾刀或刮篾刀把竹表层绿色蜡质层刮去，使色泽鲜艳的竹青层完全显露出来。这是因为竹竿在弯曲时经火烤难免熏成黑色，刮青时即可将杂色刮干净。另外，经刮青处理后的竹竿及板面竹条的色泽会随着使用时间的延长，渐渐加深，转为黄褐色，甚至成深红色，这有助于竹家具产品的装饰。

竹竿表层蜡质层极薄，刮青时，用力要轻，运刀速度要慢且均匀，表层要刮干净。要顺着竹竿的纹路从竹竿一端向另一端运刀，应尽量不伤着竹青层纤维，不在竹表面留下明显的刮痕刀迹。

处理好竹家具架料后，接下来便是用插榫法进行固定，形成家具的基本骨架。如果是制作竹椅，那么还要制作椅面的

图5-8　竹家具的部件

坐面板，坐面板的制作方法主要有框槽固定、压条固定等（图5-8）。最后是在椅面上进行装饰处理。

竹家具的销售方式和篾制品的销售方法类似，此处不作赘述。

3. 竹刻工匠的技艺

浙江竹刻主要有两类，一类是竹面雕刻（如翻簧竹刻），一类是圆雕（如竹根雕）。由于是工艺品，要求精度很高，而且具有一定的艺术价值，所以一方面要求工匠具有一定的艺术修养和文学功底，像象山的竹根雕大师周秉益便是学艺术出身，黄岩翻簧竹刻学艺前需要考核学徒的艺术和文学素养，而且要求相当严格。另一方面则要求工匠"手稳、势正、凝神、心到手到"。雕刻有句术语，叫做"落刀如有笔，功到自生灵"。因此，只要工匠勤学苦练，不断实践，不断总结，就一定能不断提高。

竹面雕刻的技法很多，但基本上可以分为阴文雕和阳文雕两个大类。而阴文雕又有线刻、浅刻、深刻之分，阳文雕有浮雕、透雕、留青和镶嵌之分。

线刻，是直接用雕刀在竹面上施艺，留下的痕线所组成的图纹。这种手法能表现出书画的笔墨情趣，艺人们"以刀代笔，以竹为纸"，表现出多种多样的画面：山水花卉、翎毛走兽、古今人物、书法图案，均可入于竹刻。线刻是一种纯以刻划为主的竹刻艺术，它很讲究运刀，流畅之线条，运刀稳而挺，给人以轻松感；凝重之线条，运刀则钝而深，给人以沉重感。这种运刀法很适宜表现书画艺术品。线刻分深浅，故有深刻法和浅刻法。清代中叶以后，文人墨客推崇的是浅刻法，他们认为"竹刻越浅越雅"。

浮雕，比线刻更进了一步，在竹的表面要刻划出半立体状的形象。其实，竹刻有"刻"和"雕"两种含义，线刻属于"刻"的范畴，而浮雕则兼而有之，它要用刀凿铲掉竹的地章，刻成多种层次，以显示其形象。浮雕根据刻划的深浅程度，又可分浅浮雕和高浮雕两种。浅浮雕层次少，高浮雕层次多，所雕的形象也趋于圆浑，因此，浮雕的竹材相应要选择竹壁厚的。

透雕，是结合浮雕对竹子进行镂空的一种雕刻。它给人一种特别通透玲珑的感觉，显得空灵而精巧。前人刻香薰往往采用透雕法。

留青，是竹刻艺术中难度最大的一种，据传这门技艺产生于唐代。它是利用竹子表面的竹青雕刻出艺术形象，将空白处竹青铲去露出的肌层作为画面的底色。因雕出具体物象的竹青留着，故名留青，也称为皮雕。留青技艺所刻画的形象，限在浅薄如纸的竹青层雕出深深浅浅若干层次，可见其工之精微。留青用的竹料经过特殊工艺处理，竹青已变成淡米黄色，洁净光滑，近似象牙，其下层的竹肌又变成淡赭色，使两者形成暖调之间的和谐，并有深淡的对比。

圆雕，需雕刻出整个物体的立体形象，一般只适合于壁厚节密的竹根。在雕刻时要根据竹根的形状而施展雕刻技艺，它只能表现个体，难于表现场景，如人物、动物、植物等，以精雕细刻见长，能充分表现出物象的精神面貌，也能很好地体现竹根的属性。

竹刻艺术，简朴高雅，刻成后可以不上色，也不用涂油和髹漆，保持其淡雅可爱的天然色泽，随着时间的推移和人为的摩擦，色泽便由淡黄而金黄，由金黄而红紫，自然天成，神采焕然。当然还有一些竹制品是要防腐和上色处理的，特别是一些竹制工艺品，因不经常被人接触使用，虫蛀现象比较严重。为了使竹制品不被虫蛀，象山县的竹根雕艺人便开发了防腐和防虫蛀的处理方法，另外还根据不同的形象开发了仿古上色的技法，使竹根雕走向了精品。

第三节　竹工匠的现状——竹工匠访谈纪实

工匠是旧时生活、生产用品的主要制造者，人们所需的建筑、器物大多都出自工匠之手，过去工匠的角色相当于现在制造产品的工厂。但时过境迁，由于工业生产的发展，许多工匠的地位受到了严重的挑战，并且在挑战中败落了下来，失去了往日的辉煌。但也有些行业却得到了大力的发展，象山的竹根雕以及竹编工艺就属此类行业，这与人们生活水平和审美意识的提高有着很大的关系。

另外，需要说明的是：对竹工匠的采访，始于2001年，时间跨度近八年，因为是多年来的积累，在行文上的笔调有些差异，本来想再做修改，但最终还是坚持保留原貌，可视作时间的痕迹，亦属正常之事。

一、象山县西周镇上谢村篾匠金亚林（2001年）

西周镇上谢村位于西周镇中心偏南部，整个村落临山而坐，山中多有毛竹，因此，虽然整个村落只有近百户人家，但篾匠较多，盛时约有五六个篾匠师傅。随着人们物质生活水平的提高，以前离不开的许多竹篾制品逐渐被塑料制品所代替了，这些篾匠也渐渐地改了行当，有些进了工厂，有些当了司机……皆为生计而做，在他们眼里，篾匠已经是日薄西山的行当了，再也无法撑起整个家庭的生活开销了。但有些竹制品还是照用，像椅子、竹箩、竹篮等等，只不过用得少而已。许多竹制品的使用寿命是比较长的，而且可以修补。因此，在整个镇上还是有一些篾匠继续生活在这个行当里，虽然不富裕，但足以糊口，因为篾匠少了，竞争也不如从前激烈了。况且这部分人，大多已上了一定的年龄，又不识字，因此除了种点粮食、蔬菜以外，已无法从事其他行业。这部分人在闲时，便靠着给别人制作竹器物来贴补家用，生活倒也不愁。

我所认识的篾匠金亚林就是这样一类人，他是我老家的邻居，门对着门的，因此相当熟悉。他看上去显老，而且驼背，其实也就50出头，所以村民都叫他"老头伯"（象山方言）或者"驼背"。大凡篾匠，因为常年蹲着干活，所以驼背在篾匠这个职业里是属于很正常的"职业病"。"十个篾匠，九个驼"便是此理。

图5-9 金亚林正在制作畚箕

每当我回老家探亲，他家是我必须去的一个地方，坐在竹椅上，发他一支烟，便聊起了家常。确切地说，他并不是本村人口，而是迁来户，是十多年前从儒下洋乡迁徙至此的。当地人知道，儒下洋是西周镇竹资源最为丰富的一个区域，篾匠则更多，他便是其中一个。他没有拜过师傅，全靠自学，能编织的竹器物种类不多，最拿手的就是打（编）畚箕，应该说远近闻名（图5-9）。

象山是建筑之乡，泥水匠是工匠当中人数最多的，因此建筑业较发达。一般，当地农民一有点积蓄便首先造房子，特别是家有儿子的，从儿子一出世，就会筹划着盖房，因此，每到一个村落，两层、三层的楼房鳞次栉比，好不壮观。另外，这几年随着"退山还林"政策的施行，许多原先居住在山里的村落，集体迁移至镇上或附近，这样，许多地方都纷纷盖起了楼房。同时也带来了商机，所谓商机，针对篾匠来讲，则是畚箕的用量就增大了，所以，我每每到他的住处，他始终在忙碌着编畚箕，自然身

图5-10 在集市上摆摊

边也堆积了很多初制品。他的业务一般是按订单方式进行生产，所谓订单，只不过是口头协议。如碰上没有订单的日子，他还是在编织，在他眼里，反正都能销出去。而且如果碰到急用的，这部分产品就刚好派上用场。如果货堆得多了，他还会在西周镇的"市日（集市）"那天，到专门的交易市场，摆摊卖畚箕（图5-10），销路时有好坏，但这是次要的，主要是通过摆摊能够进行适当的宣传，次数多了，偶尔也会有新的客户参与进来，这样也就多了条销售渠道，也多了收入。

据介绍，他一天能编个五双小畚箕或者三双大畚箕，在象山，畚箕以双来卖，因为在用畚箕担运时，是肩挑的，所以必须要两个。每双小畚箕能够卖到十元钱，大畚箕则20元一双，也就是一天有50元的收入，除去随机的休息或农忙时间，这样一个月下来便有千余元的收入。他妻子则无职业，平时只管家务和农忙。现在农村的生活是比较多样化的，不像以前，基本上是自给自足的自然经济生活状态。较富裕的家庭，一切均以购买来满足日常生活的需要。而艰苦一些的家庭，虽然收入不高，但通过耕种，照样能够过活。因此对他来讲，一千多元的家庭收入，生活自然不愁。再加上儿子也已成家，生活负担减轻了不少。平时想休息时，还能偶尔去打打麻将，以作消遣。

他们家是非常简陋的，三间单层瓦房，是十多年前向当地村民购买的，以前这样，现在还是如此。在象山楼房林立的农村，还是比较显眼的。因为收入一般，所以盖新房对他来讲显然力不从心，但也无妨。

这就是现今篾匠的普遍状况。

二、象山县西周镇下沈乡杰岙村竹匠赖安福（2007年）

在竹工匠中，竹家具工匠所占的比例是比较少的。一方面是竹家具比较耐用，一般的竹家具可以使用十年，甚至几十年。

另一方面是竹家具因档次较低，所以农家一般可以随便使用，即使是破损也无妨，实在不能坐了，自己也可以修理，比如绑根绳子、包块布，也可让竹家具重新使用。所以，虽然竹家具在浙江农村使用非常广泛，但竹家具工匠还是比较少，原因即如上所述。

竹家具工匠和篾匠的差别是较大的，特别在制作上。竹家具工匠主要的作业方式是锯、挖、铲、烘、弯、钻等；而篾匠则主要是劈、刮、编等。所以，篾匠的活竹家具工匠做不了，而同样，竹家具工匠的活篾匠也做不了，虽然大家都是以竹为材的。

生活在象山县西周镇下沈乡杰吞村的竹家具工匠赖安福是我的姨夫，杰吞村坐落在下沈乡的南部，整个村落背山而依，我姨夫家就住在村落的最高点——山腰上，院子前面就是大片的竹林。在20世纪90年代之前，赖安福是杰吞村及周边村庄有名的竹家具工匠，制作竹家具也是当时他们家的主要收入。年少时常去他家做客，所以经常会看到我姨夫为别人制作竹家具，制作范围主要是竹椅、竹躺椅、摇篮、竹柜等日常用具，由于去的次数多了，对于制作竹家具也略知一二，也听了许多从他口里讲述的艰苦经历。

从他所讲的经历中得知，他的师傅就是他的爷爷，因当时在山区的村民大多贫困，书也读不起。我姨夫的身体从小便不好，到了年轻时，便得了坐骨神经痛的毛病，重的农活干不动，轻的又无法维持生计。在当时的农村，山坳里的年轻人很难娶到像样的媳妇。出于上述的种种原因，他早早地便跟着他的爷爷学起了制作竹家具的活计，而且也省了许多拜师的程序以及经济上的开销。学做竹家具至少比干农活要来的轻松些，但即便如此，我姨夫还是常常熬不住伤病的折磨，日子长了，人也变懒了，长年的伤病几乎使他失去了对生活的希望。后来，随着子女的长大成人，生活条件也改善了不少，至少吃穿不愁，再加上农村使用竹家具的人家少了，所以到了1995年，他女儿便给他买了一辆三轮车，干起了三轮车载客的行当，身体状况也好了不少。有几次，到他家里做客，还能在储物间看到那些被束之高阁的工具，但大多已经锈迹斑斑，无法使用了，每当他看到这些工具时，眼里总会露出异样的神色，也许这些工具已成为他老来用以回忆艰苦生活的资料罢了。当然，像他这样的工匠，在浙江又是何其的多，何其的无奈，无奈的是自己辛苦多年的积累就这样被历史所抛弃了。

三、龙游县罗家乡廖家村篾匠卢小华（2008年）

在龙游溪口镇考察时，在镇中心闲逛，正好看到一家卖竹制品的商店，店面紧挨着一个小饭店，整个建筑较新。店面不大，也就十二三平方米，有较多竹制品摆在门前的水泥地上，较为显眼。摆放的竹制品种类较多，有竹躺椅、竹篮、竹菜罩、畚箕等。房里房外挂放的满满当当的。离此不远处，也有一个卖竹制品的，但只是地摊，摆地摊只是临时的，并不是每天都在，而且品种也少。整个溪口镇也就这么一家是卖竹制品的固定"商店"（图5-11）。虽然在浙江像这样的商店应该每一个地方都有，但我毕竟人生地不熟，偶尔碰到，并且专为此而来，倒也落个实在。

图5-11　篾匠卢小华的店铺

初到龙游时，我是住在龙游沐尘乡木城村的一个学生家里，当时学生家里的一把可折叠式竹躺椅吸引了我，非常想买一把回去，因为价格很便宜，据学生讲，在镇上只要五六十元即可买到一把。那天在溪口镇的那家竹制品店正好有我想要的竹躺椅，因此乘着有购买竹躺椅的目的，走进了这家店，店主是位40出头的妇女，较朴实。向她打听了躺椅的价格后，也算半熟。便向她说明了我的来意。刚开始时那店主略显有些谨慎，甚至还表现出一些反感，毕竟我们之间是陌生的，在来意不甚明确的前提下，谨慎是做生意人的本能反应。和她聊了片刻，便慢慢熟了，戒心也逐渐消除了。从她口中得知她丈夫就是篾匠，名叫卢小华（图

5-12），今年44岁，是龙游罗家乡人，罗家乡离溪口镇不远，也是龙游竹乡之一。但刚巧出门了，因此她让我们在她店里等了一段时间。

图5-12 卢小华

过了一小会，她丈夫回来了，从外表看，人略瘦，中等身材。在说明来意后，倒是非常热情，因此整个采访交谈过程还是非常顺利的。他是2006年来到溪口镇的，因为许多生活器物被其他材料代替后，在人口较少的乡村，竹篾制品的供应量是不大的，因此生活比较困难。出于经济上的考虑，他才来到人口较多的溪口镇，溪口镇是龙游南部的中心城镇，也是庙下乡、沐尘乡竹材的集散地，镇上有较多的竹木制品企业，而且有一些规模较大，不像庙下和沐尘，竹制品加工厂虽然很多，但大多是规模非常小的私人企业（作坊）。刚开始时，其经营方式是摆地摊，等积累了一定的资金后，才在现在的地方租了店面房，因是乡镇，所以租金并不高，一年大约5000到6000元，每年有将近两万元的收入，这在较为贫穷的龙游县还算是可以的。

在店铺中有很多竹篾制品，但并不是全部都是自己做的，有相当一部分是从工厂采购过来的，比如，竹凉席、竹摇椅等产品。据他讲，现在自己做的很少，主要从当地的篾匠或工长那里进行采购代销，而自己亲手编制的价格相对于采购的制品要高出20至30元，而且往往比较好卖。说到这些，可以看出他所表现出来的自豪感，其实在众多工匠眼里，经济收入是一个方面，而看到自己亲手制作的作品被人青睐所产生的成就感也是工匠赖以生存并继续的精神基础。

他是17岁开始学这门手艺的，从时间算来，应该在20世纪80年代初期，这个时候的农村，特别是在山区，还处在自给自足的自然经济状态，物质条件相当匮乏，竹篾制品在当地是人们生活、生产的主要器具之一，因此不管学什么手艺，是当地乡民进入成年后的首选。龙游南部是一个比较有特色的区域，由于盛产毛竹，因此，毛竹是当地百姓赖以生存的自然资源，其实不仅仅在20世纪80年代，至今也是当地乡民的主要经济来源，只不过产生经济效益的方式转变了，以前是靠手工编织竹制品，而现今则是通过机械制作竹胶板、竹凉席等产品，技术手段不一样，产品也不一样。社会的发展总能改变一些东西，特别是现今的市场经济体制下，市场决定一切，市场需要什么，什么就能脱颖而出。当然，社会也是多样的，只要有一线生机，总有存在的必要，生机多了，存在的东西也就丰富了，当地人们对竹的热爱，并非全部由市场决定的，有时候还加入了情感的因素。

在旧时，龙游南部地区的篾匠是比较多的，而且学艺者往往纷至沓来，在艰苦的时代，艰苦的山区人们，手艺是衡量家庭生活条件的要素之一，也是年轻者能否顺利娶到媳妇的条件之一，过去的媒婆在做媒时夸耀某个后生，常会讲"某某后生会什么手艺，吃穿不愁"等，以引起女方家庭的兴趣，因此这也是女方家庭所考察的主要内容之一。在当时的社会、自然环境下，工匠的多少往往取决于自然因素和社会因素。

在开店之前，卢小平是个典型的篾匠，在20世纪80年代学徒结束后，常游转于各个村落之间，因手艺活出众，因此也颇受乡人的称赞，东家做完西家做，吃的是"百家饭"，抽的是"百家烟"，每天还能有70元左右（90年代的工钱标准）的工钱，生活还是较为宽裕的。但到了90年代后期，篾匠活就步入了困难时期，由于塑料、金属制品的大量出现，原先的许多竹篾制品逐渐被代替，因此召请的人少了，收入也少了，该行业出现了几近灭绝的态势。大多篾匠改行的改行，务农的务农，进工厂的进工厂……据他介绍，他还没有带过一个徒弟，可以想象得出，在90年代后篾匠在龙游县的境况。现在的年轻人要么学做生意，要么外出打工，要么考大学，但就没有人愿意学当篾匠或者其他工匠，但做篾制品的生活还在继续……

四、龙游县沐尘乡木城村篾匠黄雨平（2008年）

在龙游县以溪口镇为中心的一些乡、村，有很多类似作坊形式的个体户或小型工厂，大多以生产竹编帘子和拉丝为主，生产帘子的作坊主要是给生产竹胶板的企业进行代加工。作坊按照订单进行生产，生产时，全部用编织机械进行生产，比较快。但质量上不如人工编织，因是给竹胶板作夹层用的，所以质量可以迁就。拉丝主要有两种用途，一种是制作一次性筷子，另一种是为竹席厂作代加工。由于龙游县东南部盛产竹子，再加上政府的支持，所以在溪口一带形成了大量的大小不一的厂家或作坊，而且大多临路而建，特别是在庙下一带，可以说公路两旁全部是密密麻麻的小型加工厂，一路过来，加工机器的噪声不绝于耳，拉丝的拉丝、编帘子的编帘子……呈现出一片繁忙的景象。

据统计，那边的农民，有80％的收入来源于毛竹加工。有钱的经营建厂，大部分厂的规模不大，也就是二三十人左右，有男工，也有女工。男工主要做一些搬运、电锯毛竹等重体力活，而女工则主要从事拉丝、晾晒等工作。钱少的则在家里搞一个家庭小作坊，雇佣2—4个工人，每天进行生产，一年下来收入也能有几万元，这些收入在龙游也算是中等以上家庭了。

这些小作坊的作坊主有将近一半以上以前都从事过与竹有关的工作，其中由竹工匠转行而来的占大多数。我所采访的黄雨平，以前就是篾匠。

在龙游沐尘乡考察期间的一天，在木城村转悠时，发现在靠近村庄小溪边上的一家破旧宅院里（图5-13），堆积着很多筒卷的竹帘子和加工剩下的废料，便走了进去。看到一个约莫50来岁的男子正忙着破他的毛竹。见有陌生人进来，便停了下来，我向他说明了来意以后，他显得比较热情。在龙游考察期间所经之处，那里的人们都比较热情，而且是一种带着淳朴的热情，让我非常感动，当然也正是他们的热情，也为我的龙游之行带来了丰

图5-13

图5-14

图5-15

图5-16

富的素材。

经介绍，作坊主人叫黄雨平（图5-14），时年（2008年）47岁，小学文化程度，三口之家，妻子帮着丈夫做一些杂活，有一个儿子，时年22岁，正在服兵役。整个作坊不大，大概有两间15平方米的房间，一间是专门用来破竹、劈篾等初加工的工作间（图5-15），另一间摆放了一台竹帘编织机，我去时，一个30岁左右的妇女正在操作机器（图5-16），该机器非常方便，只要把一根根篾片放入固定的槽就可以了，这样一个工人一台机器一天便能编织二三十米左右。据他介绍现在的市面行情是每米8元3角，所以他们家一年的收入将近30000元。

据他介绍，他原来是篾匠，小学毕业后，14岁就到江西打工，后又跑到温州，跟着温州的一个篾匠师傅学了三年的手艺。70年代末回村后，因那时还有生产队，所以他就专门为生产队做一些生产、生活竹器物，比如竹簟、箩筐等。作坊是90年代末开始经营的，当时也是出于经济方面的考虑，因为在农村，如果光靠务农为生，很难过上像样的日子。到2008年也开了将近10年了，生活基本上不愁。

五、象山竹根雕师傅朱至林（2002年）

童年时，经常闲来便陪同我二舅上山挖树根和竹根，说是陪同，其实只是好奇心驱使罢了。好奇心归好奇心，但那时总是搞不懂，"根"有什么用？当柴火还不如砍几棵树呢，而且挖树根很费事，得细心，不能断了关键部位。到长大后才渐渐明白，原来这个可以卖钱，还能把这千奇百怪的粘满泥土的根变成精美的工艺品。

那时应该说竹根雕在象山刚开始，据《可爱的象山》记载：竹根雕在1977年经西乡（西乡，即为象山西部，以西周镇为中心）十多位青年木雕艺人发掘、研究和苦心经营，才得以恢复青春。从时间上来算，我的童年刚属这一时期，如此一来，童年的好奇便终于得到了解释。

其实我对竹根雕的了解时间并不长，也是近几年的事情。之前，我还不知竹根雕是我们象山的一大特色，或许是长期在外缺乏对家乡了解的缘故，只记得几年前在路边看到过一家作坊，进去看了一下，印象比较深刻：是几个年轻人在那儿做事，样子颇为诚恳、忠厚，作坊也没挂牌，就一间不足10平方米的小屋，里面的竹屑和粗胚满地，外面路边靠墙的水泥地上堆满了带着污泥的竹根。这是我第一次看到竹根雕的作坊，后来据朱师傅讲，那些都是他的徒弟。

还有一次，2001年我在杭州陪朋友游西湖时，恰巧在西湖边上碰到一家经营竹根雕工艺品的商店，由于对竹根雕有了第一次的认识，颇感兴趣，便进去参观了一番，所见竹根雕品基本上都源自象山手工艺人之手。顿时便有一种莫名的亲近，也许我们象山鲜有出彩的特色工艺品，所以在亲近之余还带着几分自豪。

以前对竹根雕的了解，确切地讲纯属偶然，同时还带了点感情色彩，因为是家乡的特色，多少存在着某种自豪感。

不过，那天也是偶然，那是2002年暑假我刚回家不久，正骑车去我姨夫家的途中，无意间却发现离我姨夫家不远的一间竹根雕作坊，因为早有想法要对竹器物作一详尽的考察，所以对有关"竹"的东西比较敏感，不想放弃这个绝佳的机会。本来考虑直接一个人过去，但转念一想，或许这样过于唐突，而且工匠最怕的是偷师学艺和有参与竞争的想法，担心被拒之门外，所以在我姨夫的介绍下，进行了我几天的考察工作。

对朱师傅的第一印象便是忠厚、诚恳而不善言词，大部分时间都在埋头苦干（图5-17），我接触的许多民间艺人，似乎都有这种特质，这也许是他们的生存之道吧。每个人都有一套社会生存的能力：夸夸其谈者用口生活；埋头苦干者用手生活；研究创造者用脑生活。我想朱师傅便属后两者的生活方式。不由得

图5-17 正在制作的朱师傅

对他产生了一些崇敬之心，崇敬之余，便产生了一种莫名的自我鞭策。

其实从他的外表，也似乎印证了我的第一印象。人略胖，头发较直，且向前冲，可以看出"埋头"的痕迹。不像城里人，非得要弄个什么四六开、三七开的，时间一长，便有了定型，就好比龚自珍笔下的"病梅"，好看，但让人不自在。胡子似乎好久没刮了，可以看出胡子末梢自然生长的尖状，参差不齐。衣着也较随便，因那年是少有的高温天气，每次见到他，脖子上总挂着一块毛巾，发黄且湿漉漉的。

经介绍，他是象山竹根雕的创始人之一，以前是漆匠。大凡对漆匠有所了解的人，都知道以前漆匠的工作并非只是油漆，同时还有雕刻的手艺。记得小时候我一邻居便是漆匠，因他儿子和我年龄相仿，经常上他们家玩，玩的次数多了，知道的便也多了，像我们那边的架子床上的一些床花等雕刻都由漆匠完成。认识了这一点，从漆匠转到竹根雕，便也是自然而然的事了。

对朱师傅的印象当然不仅于这些，最为关键的乃是他的手艺，其精雕细作非亲临而不可体会。就竹根雕的创作而言，其难度就可见一斑，因每一竹根之形状都不尽相似，所以用以雕刻的形象也不同，有些适合于雕刻寿星形象，有些适合于雕刻渔翁形象。即使是同一寿星形象，其造型也随着竹根的不同而千变万化，没有一定的造型创造能力，便很难做这项工作，再加上竹子的"中空"特性，一不小心便会露出"破绽"，真可谓难上加难。

我虽没有亲眼见他制作雕像的全部过程，但从其展示的作品当中，便可看出他作为民间艺术家的真性情。

朱师傅全名叫朱至林，因认识他的人多叫他阿林，"阿林精艺竹雕作坊"之名便由此而来，在我们乡下，一般对人的称呼只取其名的末字，然后在前面加上"阿"字，如"阿根"、"阿富"等等。而且很多小店铺都以此命名，这在象山极为普遍，有此命名者大都有良好的手艺及声誉，以名命名也表明了大家对其手艺和声誉的认可。当然在城里也有一些类似的命名方法，但大都取其姓，如"周记"、"沈氏"，或者是用全名，如"张小泉"、"周林"等等。很显然在名和姓的命名中，前者主要倾向于个人，后者则主要倾向于家族的观念。但作为民间艺术作坊而言，有时候往往对人不对物，人名就是品牌。前一段时间去了宜兴紫砂壶厂参观，感触颇深，工艺大师所制作的紫砂壶价格绝对昂贵，甚至高达数十万，而一般的工艺师制作的壶则只值一百元至几百元不等，差距比较明显。

图5-18　刚收集来的竹根

作坊之所以称为作坊，当然不能和工厂、公司联系起来作比较。整个作坊不大，总共三处：一处是用竹架和油毛毡搭建的临时屋棚，堆放竹根、清洗、漂染、防腐浸透均在此处（图5-18，图5-19，图5-20，图5-21，图5-22，图5-23）；一处是雕刻房，10平方米左右，靠窗放置了两张自制的工作桌，上面堆放了一大堆各种型号的雕刻工具（图5-24，图5-25）；另一处则是放置成品的所谓展示间，不足10平方米，靠墙处做了几个台阶，再铺上红色的毯子，成品尽放其中，构成了简陋的展示厅（图5-26）。

图5-19　用高压水枪冲洗竹根

如此简陋的作坊，却能雕刻出如此精美的工艺品。这不禁让我想起了刘禹锡的《陋室铭》中的一段话："山不在高，有仙则名；水不在深，有龙则灵。"把此话放在此处，我想这是对此处的最确切的评价。

图5-20　初胚加工棚

我国竹刻工艺历史悠久，在考古发掘中，由于历史和自然环境等因素，古代竹木器不易保存，目前所见到较早的竹雕器是湖南马王堆汉墓出土的竹勺。南北朝时有诗云："野炉燃树叶，山杯捧竹根。"可想见汉时雕竹制器的概况。宋郭若虚《图画见闻志》卷五，记载了汉时竹刻技艺并言出现了"留青"的刻法。竹刻成为一门艺术，应从明代中期开始，明、清时期我国竹刻工艺日益繁荣，在盛产竹子的江南地区，出现了上海嘉定与江苏金

图5-21　初胚完成后的竹

图5-22　通过加热来除虫

图5-23　竹根浸泡在防腐液中

图5-24　雕刻作坊

图5-25　雕刻工具

陵两派，两派竹刻艺术家既从竹根刻圆雕人物，又在竹制笔筒、扇骨上镌刻，有的还善于利用株皮与肤里的不同质感创造"留青"的特殊艺术效果。金陵派以濮仲谦为首，此派竹刻风格开始简朴，后来渐细。嘉定派竹刻影响更大，作者大都擅长书画，用刀如笔，雅俗共赏。明代嘉靖、万历年间是竹刻工艺兴旺时期，著名"竹人"有朱鹤、朱缨、朱稚征祖孙父子，朱氏三代竹刻珍器，能流传到今天的已属凤毛麟角，上海博物馆藏有朱稚征所刻香熏，取材于一截紫竹，下设底座，香熏通体韵呼之欲出。清代竹刻笔筒，用"角孚"款，由一截天生椭圆的扁竹刻就，保留自然造化之妙，正面为渔翁夜泊图，渔夫与隐士神态逼真，水面波光粼粼，芦苇折腰，背景则是嵯峨大山，树木参天，依岩而立，花叶枝蔓，栩栩如生。

竹根雕为竹刻艺术的一种，主要用竹根进行创作。始创于唐朝，明时为盛，至清日渐衰落。象山县在新中国成立初期，尚存少数艺人，才保留了这一民间工艺。1977年经西乡十多位青年木雕艺人的发掘、研究和苦心经营，几经曲折，培养出一批人才，使竹根雕艺术得以恢复青春。

1988年，竹根雕工艺厂发展至十多家，品种二百余种，近三百人，外贸年产值逾百万元。规模较大的有象山县工艺美术公司、出口工艺美术厂、特种出口工艺美术厂等。1986年象山县竹根雕获浙江省新优名特产品"金鹰奖"。同时被评为中国民间艺术之乡（象山竹根雕）。现竹根雕产量居全国之首，畅销东南亚各国，并远销美国、加拿大。[①]

六、象山竹根雕师傅周秉益（2005年）

周秉益（1964年生于象山），中国民间文艺家协会会员、中国根艺美术大师、浙江省工艺美术大师、浙江省根艺美术学会常务理事、浙江省竹根雕专业委员会秘书长、宁波市工艺美术学会

---

① 中共象山县县委宣传部. 可爱的象山[M]. 北京：海潮出版社，1994：51.

根艺专业委员会副会长、象山县文联工艺美术家协会秘书长。

从小爱好艺术，1981年中学毕业进象山县文化馆美术组学习美术创作，跟随陈继武老师学习油画。1982年开始从事竹根雕刻。1986年创办象山特种古董工艺雕刻厂。2000年筹建象山秉益堂根艺坊。

代表作品有《警》、《宠》、《希望》、《净化人心》、《同根》、《一脉相连》、《引福归堂》、《乡愁》、《红颜》、《牧归》、《正气》、《渔舟唱晚》、《田园牧歌》、《寒山拾得》、《家妹》、《思》、《春韵》等（图5-27）。作品多次在省级、国家级和国际性展览中获金银奖，其中获中国根艺最高奖"刘开渠根艺奖"金奖5个，中国工艺美术大师精品展铜奖1个、优秀奖1个，省根艺美术精品展金奖3个、银奖2个。几十件作品被国内外行家、博物馆、艺术馆收藏，得到了艺术界专家、教授的一致好评。事迹、作品和论文，刊登在《中国根艺20年》、《中国根石艺术论文选》、《中国根艺》、《中国根艺美术家辞典》、《共和国专家成就博览》、《中国竹工艺》、《中国根艺美术精品集》、《中国根雕艺术》、《浙江根艺》、《中国象山竹根雕》等书刊中。

2005年8月15日，周秉益受中国文联指派，出访以色列进行国际文化交流、作品展出并现场示范表演。9月15日随宁波市政府代表团赴香港参加"2005甬港经济合作论坛暨香港·宁波文化旅游周"活动，在香港新世界文化中心大厅作现场制作表演和作品展示，得到了香港各界和广大市民的一致好评。11月10日，参加由宁波市委宣传部举办的"宁波（象山）竹根雕赴台展"，与台湾各界进行文化艺术交流。为加强两岸的文化艺术交流，促进象山竹根雕的国内外文化交流，有效提升象山竹根雕的品牌知名度，做出了卓有成效的贡献。（图5-28）

在2005年暑假，我趁假期来到了象山丹城，随同好友参访了竹根雕大师周秉益先生。因为我在丹城上了三年的高中，所以

图5-26　简陋的展厅

图5-27　周秉益的精品之作

图5-28　笔者和周秉益（右）的合影

图5-29 周秉益作坊的广告

图5-30 堆放在院子里的竹根

图5-31 周秉益在制作中

图5-32 狭小的周秉益作坊

对县城还是比较熟悉的，而且他的秉益堂根雕作坊离原先我就读的学校不远。秉益堂其实就是他的家，象山竹根雕作坊大部分是以家为坊的，既是家也是作坊。当时张德和、郑宝根的作坊均是如此。秉益堂作坊位于丹城西山脚下的一个小弄堂里，刚进弄堂便看到有一堵墙上写着"竹根雕、木雕销售处"的字样，比较显眼，还配了箭头，所以找起来比较方便（图5-29）。

整个秉益堂并不大，是一座两层的楼房，二楼用于起居生活，一楼则主要是厨房、餐厅以及根雕作坊，前面有一个不足20平方米的院落。因为小，所以院落里、墙角边堆满了形态各异的竹根（图5-30）。作坊在一楼，单独一间，与其他房间不相干，也许是怕打扰的缘故。走进作坊，也就10平方米左右，一面靠墙处摆放着一张桌子，桌子上面是简易的博古架，桌子上放满了各式雕刻工具，博古架上则是一些竹根雕初胚或业已成型但还没有经过仿古处理的胚子。另外一个靠里的墙角则堆满了已经清洗干净的竹根。所以整个作坊感觉很挤，如果两个人在里面，恐怕连转身都显得有些困难，不禁令人感慨，这么小的房子，却成就了一个工艺美术大师（图5-31，5-32）。

采访是在他的书房里进行的，在最里面一间，所以从门口走向书房，所到之处全是各式各样的竹根雕作品，有的陈列在博古架上（图5-33），有的直接放在地上，有的则放在几张桌子上，满满当当的，显得那样的拥挤，却让我感悟到了艺术家的勤勉和专注。

采访进行得非常顺利，周先生本人也非常随和，一聊便聊了将近两个小时。以下是我通过采访录音整理的文字资料，整个采访全是用象山本地话进行的，所以在整成文字稿时难免要进行转译。另外，采访时，提问和所回答的内容并非如下那么整齐，因为采访是在比较轻松的环境下进行的，即便之前我设定了所有的问题，所以必须重新整理转变成文字资料，但所有的提问和回答均是如实采访的内容。

以下是笔者整理的采访周秉益先生的主要文字稿。

沈：首先，我想请您简单介绍一下象山竹根雕的现况。

周：随着象山被评为"中国竹根雕之乡"后，象山竹根雕近几年发展比较快，政府支持的力度也逐渐加大，比如派竹根雕师傅出国交流、参加展览等，我下个月15日（即2005年8月15日），受中国文联指派去以色列进行交流，而且在11月份还要到台湾进行交流，像这些活动全部由政府支持。象山竹根雕现在主要以我们三人（指的是张德和、郑宝根和周秉益）为首，张德和与郑宝根可以说是竹根雕的创始人，我则应该属于后起之秀。并且目前象山还涌现出一批青年竹根雕艺术家，可以说，象山的竹根雕艺术近年来人才辈出，梯队建设良好。

图5-33　一楼走廊边的博古架

沈：我想请您介绍一下您的从业经历。

周：我是大徐三角地人，文凭比较低，初中毕业，毕业后便进入县文化馆学习美术创作，当时是跟着陈继武老师学习油画，1982年开始从事雕刻手艺，此后开始办工艺雕刻厂，产品以抛光雕为主，销售也主要以出口为主。其实那时候我还不太了解竹根雕。记得当时为了生计，经常跑"广交会"。后来，在20世纪90年代初由于各方面的原因，工厂停办，我开始下海经营娱乐中心，开了10年，竹根雕也放了10年。我真正进入竹根雕行业应该是2002年，当时重新开始购买雕刻刀进行创作，从那时起，经过几年时间，我获得了许多奖项。在去年的"刘开渠根艺奖"评选中一下揽获了三个金奖，这是历来还没有人能同时拿到三个金奖（说到此时，周先生脸上满带着自豪的表情）。这时候，应该说比较投入，除了竹根雕，几乎什么都不关注，这和办娱乐中心时完全是两种生活状态。如果那时候没有停顿10年的话（遗憾），现在可能在艺术圈子里稍微成熟些，可以说走了一些弯路。像阿和（张德和）比较好，现在在这个圈子里比较熟，而且由县政府支持即将成立个人根雕博物馆，建筑设计由吴良镛主导完成。

沈：问一下，像张德和、郑宝根他们当初是如何进入竹根雕这个行业的？

周：竹根雕主要始于西乡（象山县西周镇一带），张德和是西乡沙地人。在从事竹根雕之前，他们主要从事漆匠工作，象山的漆匠除了会油漆外，还要有雕刻的功夫，比如像架子床上的床花雕刻均由漆匠完成，所以为以后的竹根雕打下了基础。刚开始时，通过各类书籍逐渐认识了竹根雕，从老寿星等形象开始，那时候的竹根雕形象基本上都是老寿星。需要的竹根还要亲自上山去挖，比较辛苦。在形象的要求上，通过书籍参考，只要做得像，就感觉很好了，也即像就是好的概念。阿和1985年得的"刘开渠奖"，那时的作品和现在相比有着很大的差距，当时是因为没有，一拿出去，还是引起了较大的反响。

沈：在全国，除了象山，还有哪些地方有竹根雕？水平怎样？

周：四川、上海、安吉等地方都有一些，但大多做得不好。像四川，从业人员有上千人，象山只有400人左右，但四川做出来的东西一般，在评奖时一般是评不上的。我现在去看他们的作品，还是有很多问题的。一个行业的发展，一方面，有领头人很重要，象山是阿和领头；另一方面要看好的东西，要善于鉴别好坏，这样你的起点就高，配上你的灵气，东西肯定能做好。象山县是在1996年评上"中国竹根雕之乡"的，这就是对于该行业水平的认可。而且，象山县竹根雕行业对梯队的培养比较成熟，这为今后的继续发展奠定了一定的基础。

沈：您现在带了几个徒弟？

周：我现在有六个徒弟，徒弟一般自己租房，平时有空就过去进行指导，他们做好后把作品拿过来，再进行修改指导，学习过程比较简单。学徒期一般是三年。

沈：通过书本，我知道，竹刻艺术中国在明、清时期就已经存在，中国早期的竹刻艺术分为金陵和嘉定两派。您能不能介绍一下竹刻和竹根雕的区别？另外我还想问一下，竹根雕是怎么构思和制作的？

　　周：这个我知道，一般竹刻艺术主要是平面式的，属于浅雕。在制作时，先在纸上画好画，然后贴上进行拷贝。但竹根雕就完全不一样了，虽然在清代有一些竹根雕制品，但纯艺术的基本没有，可以说竹根雕是象山首先开创的。竹根雕的制作过程是：先选材，选材时比较讲究竹的质地，特别是精品，质地很重要，比如有些竹根发黑就不行，所以要仔细选择。选材选好后，接下来就要考虑形态，形态一般根据竹根的原形进行构思，要做出贴切的造型，需要花工夫。构思时间不等，如碰到好的竹材造型，构思时间比较长，要经常去看，吃饭、睡觉的时候也要经常想想，以便触发灵感。构思好后，也不画，就开始动刀，全靠脑子的思维能力，所以对于竹根雕工匠，思维能力和立体空间感非常重要。我原先是搞绘画的，所以造型能力是从学习绘画当中学习到的。动刀后，先打初胎，然后逐步细入，而后打光。这样基本的造型就算完成了。

　　沈：那么竹根雕的颜色是怎么处理的？我看在您家里有不同色泽的根雕作品，为什么采用不同的色彩？另外，我知道，竹子最怕的是虫蛀，这又是如何处理的？

　　周：我们现在所做的颜色基本上是属于仿古颜色，也就是红木的色泽，早先时候是清一色的绛红色仿古，但随着经验的积累，现在的仿古颜色就多种多样了，而且不同的颜色处理需要和人物的性格、特点等对应起来。（说着，就指着博古架上的作品）比如说女性形象的色泽就需要清淡一些，柔和些，以便体现女性的特点，而男性的形象则可处理得深一些。关于虫蛀的问题，现在基本上不算什么问题，一般雕好后，都要在特制的化学药水中浸泡并蒸煮一段时间，然后再通过色料进行涂饰，防腐、防蛀一点问题都没有。

　　沈：那么，您是怎样来了解各种人物的形象特色的？

　　周：主要是通过书本的介绍，经常看，这也是日积月累的经验。如果要雕刻某个形象，就必须要通过各种途径来了解该形象的特征、性格等内容，这样才能雕得栩栩如生。画和立体的形象是不一样的，书本主要是借鉴，了解思想、内容、背景等知识。

沈：在雕刻过程中会不会因一时疏忽，把原本该留的部分给切掉了？能不能进行修补？

周：这种情况一般很少，特别是现在，技术比较成熟了，而且考虑得很仔细，不会出现失误。有时候倒是不小心打翻在地磕出了印迹，（说着，就指着旁边的一个雕像）像这个，下巴就是因为不小心掉地上，才磕掉了一小块，而且还不能补，因为补上去肯定有痕迹，而且材料的质地、纹路都不一致，所以说这个竹根雕比较可惜了。

沈：还有一个问题，那些竹根是哪里弄到的？大概要多少钱？

周：竹根专门有人去挖，那些挖竹根的，经过这些年的锻炼，非常专业。竹根的价格差别很大，好的甚至要200元以上，差的从几十元到上百元不等。有时候我们也向福建一带的人买进竹根。

沈：一般竹根的毛竹要几年年龄比较适合作竹根雕？

周：大概三年龄的毛竹就可以用了。而且，我们沿海一带的毛竹因为经常接受海风吹袭，阳光直射，质地比内地的毛竹要硬，比较适合根雕。

沈：您现在除了制作精品外，有没有做一些批量的生意？

周：有，为了经济上的考虑，批量的一般交给徒弟完成。

沈：您的作品一般卖多少价格？有没有出口的？

周：现在我的作品一般售价在三万元以上，好的像这个（指着博古架上的一个竹根雕）就可以卖出五万元左右。当然一般的也有几百元的，主要是徒弟们做的。平时有一些外国人在县政府人员的陪同下来参观，看了后都感觉非常有兴趣。出口是有的，主要以南洋等地区为主，主要是文化上比较相通。到其他国家的作品，由于文化的差异性，他们较喜欢已经知道的形象，比如像一些带胡子的老头、梅兰竹菊、水果盒、茶壶等。像这次我将去以色列，就打算运一个集装箱的带胡子老头去卖，很有意思。

沈：您有没有考虑搞一些主题性的根雕艺术？比如像《水浒》一百单八将的造型、《红楼梦》里的十二金钗等主题性雕刻。

周：《水浒》里的一百单八将不好弄，因为里面的大部分人物形象是练武的，性格比较张扬，而竹根毕竟有壁厚，就这么薄薄的一层，很难把这些人物的性格表现出来，像宋江、吴用这样的形象还可以表现。《红楼梦》的十二金钗也可以。但现在比较忙，做的时间比较少，白天有许多杂事，一般晚上不太休息，如果晚上也不做，那就更没有时间了，而且晚上比较安静，不受干扰，效果比较好。

沈：非常感谢您能在如此宝贵的时间里接受我的采访，我也希望能通过这次采访，回去进行整理后，见诸报刊。谢谢！

第六章　浙江民间竹器物的生活与文化特征

　　自然环境所产出的各种物种决定了人们所用主要器物的材料，同时在某种程度上也决定了人们的生活方式。民间竹器物之所以成为浙江乡民生活中的必需品，和盛产竹子的地理环境是分不开的，长期以来，民间乡民就是按照自身所处的自然环境，把这些环境所产生的各种资源进行有效整合，并和人们的生活相结合，使之和谐化，最终形成了特定区域内人们较为一致的生活方式。同时这种生活方式也决定了竹器物的功能、形态以及竹器物作为民俗物的民俗特点。

　　浙江民间竹器物的造物思想，与所有民间器物的造物思想一样，首先应是满足实用的需要，这和民间乡民淳朴的生活方式有着较大的关系，他们只追求器物的实用性，遵循的是"好用即是最好"的基本原则，几千年来这个原则是不变的，在好用的基础上，随着时代的发展，便产生了"既好用又美观"的器物，但"美观"不能凌驾于"好用"之上。另外，民众朴素的生态价值观，使得他们在制作和使用中，通过长期的努力和积累，逐渐形成了一种较为原生态的设计制作思想。

　　还有，除了民众对审美的需求外，还存在着发生在竹器物周围的各种民俗文化，由竹器物所形成的民俗，虽然只是一些单一的民俗事象，但也能反映在过去较为艰苦的生活环境中对自身精神的慰藉。

　　因此，浙江民间竹器物的生活与文化特征主要表现在生态文化、民俗文化以及审美特征方面。

第一节　民间竹器物制作和使用中的生态文化特征

经历了数千年的发展和变革，广大人民用自己的"生态"智慧和才能造就了一批批得以延续至今的竹器物。毋庸置疑，这些民间竹器物虽然在现代社会的发展中将逐渐退出社会的舞台，但其留给我们的并不仅仅是器物的外壳，而是器物在不断的发展中所自然形成的"生态"文化，这里所说的"自然形成"是人类在改造自然的过程中，在一定的社会环境中通过无数次的使用而总结出来的经验，它的传承是物的传承。

浙江民间竹器物的生态文化特征主要表现在材尽其用、因材施艺、物以致用、物以致心、爱物惜物等方面。

一、材尽其用思想

土地产生出材料，当然这是对于天然材料来讲的，而材料质地又决定了各自不同的目的。从竹材来看，竹竿、竹根、竹枝、竹叶，甚至笋壳的质地都是不同的，而正是这些质地的不同，才产生了各种有着不同用途的器物。如果民众没有认识到这些材料的特性，并把它制作成器物，那么这种不同只能是理论上的存在。但是，几千年来，民众在不断的实践中，逐渐熟练地掌握了这些材料的特性，而且根据这些特性，产生了应用于不同场合的或实用或艺术的各种器物。

那么民众为什么会有这些认识呢？这些认识是不是非常随意和偶然的呢？在一根竹子被砍倒后，竹竿是民众首先并必须要使用的，同时就会产生除竹竿外的竹枝、竹叶、竹根等附属物，在民众朴素的生态价值观当中，他们显然不可能无视这些附属物的存在，这样就产生了制作另外一些器物的动机，竹根可以用作竹根雕刻，竹枝可以用来制作扫帚，竹叶用来生火等等不同方式的"废物"利用，于是就有了同一材料的不同部分均可利用其自身的优势制作出或实用或艺术的产品。这里对于竹根的挖掘，一方面是因为竹根具有独特的艺术价值，另一方面是出于护林的需要，民众必须要挖掘一部分的竹根才有利于其他新生竹子的繁殖。对于笋壳的利用，相对来说显得比较独立，一到春天新竹长成后，民众便会用长长的竹竿去撩拨那些附在新竹上的笋壳，在宁波象山地区，笋壳可以制作用于跪拜的蒲团，还可以用来裹粽子，粽子是端午节的特有食品，而笋壳的产生刚好和端午节在时间上是一致的，由此而产生了不同于其他地方的制作粽子的材料。在浙江民间，类似于这种对"废弃"材料的应用是非常多的。对这些材料的应用是先有材料，再由该材料创作成器物的过程，期间伴随着民众们强烈的节约意识。之所以能围绕一根竹子产生这么多的器物，和这种意识是分不开的。

材尽其用在这里是指民众通过掌握和了解材料的特性，尽最大的努力把该材料充分利用，达到不浪费的目的，同时由这些材料所制的器物也能发挥最大的效应。每一种材料都不可避免地有着自身的缺点和优点，竹材作为浙江民间器物制作的主要材料，自然也表现出其自身的优点和不足。但在经历了几千年的不断摸索中，人们已经在最大限度上用自己的"生态"智慧弥补了这种不足，并根据它的特点，把它的优点尽情地表现了出来。

竹子全身都是宝，从竹根到竹竿、竹枝、竹叶，在民间有着不同的而极其合理的利用方式，甚至是竹利用过程中产生的废物都有着非常"生态"的处理方法。这些利用方式并不是一蹴而就的，而是经过几千年的演变发展而来的，其长久不衰地存在于民间的各个角落，存在于民众的心中（图6-1）。

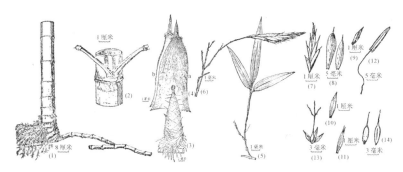

(1)秆茎、秆基及地下茎　(2)竹节分枝　(3)笋　(4)箨 a.背面 b.腹面　(5)叶枝　(6)花枝　(7)小穗　(8)颖(右)及苞片　(9)小穗下的前叶　(10)外稃　(11)内稃　(12)雄蕊　(13)雌蕊及鳞波　(14)颖果

图6-1　竹子的各个部位

　　以下是对竹整体利用的基本概括：①竹竿部分。竹竿的用途是最广泛的，主要用于制作家具，劈成蔑编织各种生活、生产器具以及用于建筑材料等。②竹根部分。竹根是用于竹根雕的材料。③竹枝部分。竹枝的用途主要是制作扫帚和用于某些农作物的牵引物。④竹叶部分。竹叶在象山主要是用来生火。⑤笋壳。主要用于包裹粽子和制作蒲团等器物。

　　二、因材施艺思想

　　制作器物必须根据材料来进行，随着器物用途的不同，采用的材料也不会相同，材料是器物的基础，而自然环境所构成的主要生物物种和自然材料则决定了民间器物所用的材料。可以说，有端溪的出现才产生了端砚。适宜的材料，使器物在最初构思时即已初具雏形了。①也就是说，材料本身所显露的性能特点便已经初步决定了器物的功能，甚至是形态。然而，材料的优劣，直接关系到器物的功能，不适合的材料会影响器物的作用，这是决定性的。如何最佳地使用材料来制造器物是不允许任意来进行的，这就要求工人（工匠）们对材料持忠诚的态度，无视这种作

---

① 柳宗悦．工艺文化[M]．桂林：广西师范大学出版社，2006：91．端溪，位于广东省肇庆市（古称端州）东郊羚羊峡斧柯山，用其所产砚石制作的砚台称端砚，或称端溪砚。

用的人将会受到相应的惩罚。①所谓"对材料持忠诚的态度"就是主张"理材"、"善度材"、"审曲面势"、"因材施艺"，要求"相物而赋形，范质而施采"。也就是中国民间工艺在造型或装饰上总是尊重材料的规定性，充分利用或显露材料的特征。这种卓越的意匠使中国工艺造物具有自然天真、恬淡优雅的趣味和情致。其中，因材施艺是民间工匠最为基本的造物法则，也是几千年来民众对材料充分认识的表现，《考工记》所载的："审曲面势，以饬五材，以辨民器，谓之工。"就充分说明了取材应时，因材施艺，讲究材美工巧。

材质之美在于它的恰当性。也就是说当材料用在适当的地方，这种材料才能体现出应有的美。竹在中国历代以来一直被认为是"贱材"，在旧时还有"穷人的木材"之称。"贱材"之贱，主要在于竹材与其他材料相比，一方面是竹材的丰富性，在浙江的大部分地区竹材是最为丰富的材料之一，而且竹材易生长的特点，使得竹子不同于其他材料那样难于生长和取得；另一方面，竹材的自然缺陷，也是被认为贱的主要原因，由于竹材的中空特点加上难以加工的竹节，使得竹材只能作为底层人民使用的材料，由竹材所制的器具物品，在上层人看来是"低廉"的象征；还有体现竹材之贱的是它的不耐久性，使得竹器物很难成为经典。但是上述所说的不管是"贱材"也好，是"穷人的木材"也好，其大量的被底层人们所用则是不争的事实，那么为什么这么多人至今还在使用竹材制作的器物呢？为什么竹材在文人雅士眼里却是另一番景象呢？为什么人们那么热衷于把竹器物作为夏天纳凉避暑的必需品呢？既然认为竹材是贱材，那么为什么不用木材等"高贵"的材料来制作相应的器物呢？这样看来，竹材之贱，并非全是事实。在这里需要说明的是，任何材料均有其他材料所不具备的特性，只有把这些材料的特性进行恰如其分的应用，才能真正体现该材料的价值。很难想象，用木材制作的篮

① 柳宗悦. 工艺文化[M]. 桂林：广西师范大学出版社，2006：95.

子或席子是什么样子的？其困难程度决不亚于用木剑去砍柴。因此，我认为用竹材所制作的民间竹器物是对材料的恰如其分的表达，它在适当的区域、适当的民众、适当的环境做出了适当的应用，它是适当之美、和谐之美。

从自然中获取优良的材料，通过一定的制作或加工获得超越自然属性之上的新材料，是工匠们造物活动中最为基本的环节。①工匠们对材料的认识以及认识后的行动规范是在长期的劳动中逐步形成的。在形成的同时，也逐步掺入了各种人文观念、情感和伦理色彩，还有就是科学的理性意识。这里所谓的科学理性意识，仅仅是作为意识形态存在的，并没有上升至现代科学性范畴，但就是这种意识，却造就了大量的堪称经典的竹器物造型。材料的自然属性在实验科学的意义上应是由许多数据和量的概念来表示的。对材料的认识经验的积累，使民间工匠掌握了简单的数据和算术以及几何知识，但这些数据和量的概念在对自然和社会的思考中从未占有重要的位置，数学往往被当作某种观念的象征符号来加以使用。作为对材料属性分析的依据只是在不确定的、相当含混的意义上确立的。因此，对材料的认识在科学理性的意义上看，只能停留于经验和自然观察的水平之上。②

民间工匠对材料的认识再次显示出经验理性的巨大作用。我们几乎可以说，经验理性在某种意义上已不是一种惯常的行为方式的反映，而是一种稳定的科学意识了。比如，民众对于竹材的柔韧性、纤维一致性、中空的特性、凉爽的特性等等的应用，即使是现代科学下的分析也不过如此。下面是浙江人民针对竹子各种特性的利用。

1. 用其中空的特性。中空特性的利用在民间器物的表现上有着重要的作用。比如，利用竹子中空不进水的特性，制作成竹筏；利用中空和竹节所产生的强度，制作成竹家具；利用中空的

① 潘鲁生. 民艺学论纲[M]. 北京：北京工艺美术出版社，1998：275.
② 潘鲁生. 民艺学论纲[M]. 北京：北京工艺美术出版社，1998：277.

竹子来引水对农田进行灌溉等等。

2．用其柔韧的特性。毛竹是一种柔韧性极强的材料，能通过加工弯曲成各种形状，并且在其柔韧性的使用上，我国人民有着丰富的经验。比如，利用竹子的柔韧性制作成扁担、编织用品、竹索等器物，都在不同的侧面反映了广大民众的智慧，其实与这类似的例子在民间竹器物中是举不胜举的。

3．用其直的特点。毛竹是一种直立生长的植物，它的特点就是"直"。通过对竹子的简单加工，就能把竹子变成直杆，为乡民们所用，所以在民间的建筑、竹梯及各类生产工具的制造中有着比较成熟的应用。虽然所成之器物并不美观，但其廉价、牢固和制作的简单性却是民众喜爱的主要因素。

4．用其纤维一致性的特点。竹子之所以能劈成大小不一的篾，主要与其生长的纤维有关，熟练的工匠能把竹劈成如发丝般粗细的篾来制作器物。就是因为竹子纤维一致性的特征，才有了把竹子劈成一条条的篾丝，才有了大量的用于生活和生产甚至用于欣赏的竹编器物。

5．材料中竹青与竹黄的利用。在色彩上，竹器物大都利用竹子的原色即青、白、黄等色，显示出清雅和谐而无耀目冲突的审美趣味。如，竹凉席的编织可以根据篾青和篾黄相间的编织方法，产生出不同的纹样效果，当然还可以用此相间编织的方法，编织出一些简单的文字和图案。在使用寿命上，竹青和竹黄不同的柔韧度，使得民众非常善于把这两种材料制作在同一个器物当中，竹青主要用于易于破损的地方，而竹黄用于不易破损的地方，就是因为这样的应用，才使得竹器物在使用中竹青和竹黄达到同时损坏，最终起到了材尽其用的效果。如，畚箕中篾青和篾黄的相间编织则主要为了提高其使用的强度，在易磨损处用竹青其他地方用篾黄，非常科学合理，同时这也是使用和制作相结合的典范。

6．用其凉爽的特征。在中国人的各种消暑用具中，竹制器物，特别是竹制消暑用品可以说是绵延时间最长、使用范围最广的一种。人们对竹具有凉爽消暑特性的应用，除了竹席以外，竹夫人、竹鞋、竹床、竹躺椅、竹椅等器物在民间的使用都是相当普遍的。

上述的这些"因材施艺"的造物思想，深刻地体现了广大劳动人民的"生态"式智慧，也可以说是民间乡民朴素生态价值观的体现。

在对材料的认识中，民间工匠的经验理性还充溢着节令、时间的因素。[①]在民间工匠对自然的感知中，每种事物在不同的节令里都有自己特定的机能变化，准确地把握住各种变化过程，就能自由地把握事物性质的优异状态。正确地认识一定节令中材料的特殊自然机能，对造物性能的完善是有一定作用的。也就是只有掌握了材料的优异状态，才能使该材料被最优化应用。工匠们在造物活动过程中，使材料的自然机能不断转换为作品的机能。在这一过程中，形成了对某一对象的认知模式，同时产生了关于这一对象的诸多禁忌。什么时候获取什么材料，是因循着特殊的观念来进行的。从竹器物的制作来讲，对材料的时间性认知是工匠们非常重视的环节，竹材的嫩与老，是工匠在选材时必须要注意的，一般来讲，对于竹器物所用竹材的年龄以三至四年的为好，如果太嫩，由于水分较多，竹纤维较嫩，所制器物容易损坏，如果太老，则竹材缺乏韧性，不易加工。还有刚砍下来的竹材不能直接加工，需要放置三四天，等竹材水分挥发了一部分之后才能进行加工，但如果放置时间过长，则竹材变黄，就不能再用于编织器物了。而这些知识，均为工匠长期积累下来的经验理性，即使按照科学进行解释所产生的结果，与工匠的经验也是相类似的。

除了对材料的节令、时间需要认识之外，对材料独特的地理性因素，工匠们也是十分注重的。在他们的科学经验中包含着的

① 潘鲁生. 民艺学论纲[M]. 北京：北京工艺美术出版社，1998：279.

这一因素往往和某种我们难以理解的观念相联系，但主要还是实用科学的力量在起作用。比如，根据象山竹根雕大师周秉益先生的介绍，竹根雕所用之竹根一般以沿海地区的为好，他们认为这是由于沿海地区的竹子常年经受海风吹袭和侵扰，质地一般比内陆的竹子要来得硬，而硬竹比较适合做竹根雕。当然，到底这个道理是否符合科学，有待于科学的验证，但周先生的这种经验事实上来源于对不同地域竹材的特点的一种模糊性分析。

总之，因材施艺，一方面体现在工匠对材质本身特点的应用。另一方面，也是重要的方面，就是需要工匠充分认识材料，包括认识不同时间、区域的材料的差异性。民间造物的选材、加工等诸方面体现的与自然的协调关系，诸如因地制宜、就地取材、量材为用、因材施艺不仅表现出民众在遵从自然因素制约下的匠心，更重要的是对自然价值的认识，实际上也体现了人与自然之间的道德伦理关系。[①]

三、物以致用思想

器物的物质属性和物质形态的创造性，为器物的实用性奠定了物质的基础。器物的实用性，是器物艺术的功能特征之一。在原始人造物之初，更是完全为了实用。普列汉诺夫指出："人最初是从功利观点来观察事物和现象，只是后来才站在审美的观点上看待他们。"[②]从历史来看，在中国古代，对器物艺术的实用功能特征是非常重视的。从老子提出的"有器之用"，到《周易》提出的"备物致用"都是强调器物的实用性。这种"有器之用"和"备物致用"的思想，始终贯穿于中国器物艺术发展史之中。战国思想家墨子原本是一位"大巧"的匠人，他以自己的亲身实践，极力主张器物的实用性和先实用后审美的造物观。墨子在同他的弟子禽滑厘就珍宝和粟两者只能取其一，有过一段耐人

---

① 唐家路. 民间艺术的文化生态论[M]. 北京：清华大学出版社，2006：175.
② 转引自高丰. 中国器物艺术论[M]. 太原：山西教育出版社，2001：24.

寻味的对话，并发表了自己的见解："食必常饱，然后求美；衣必常暖，然后求丽；居必常安，然后求乐，为可长，行可久，先质而后文。"就是说，人要先有饱暖，才能去追求美丽；要先安居，才能去追求欢乐。对于一件器物来说，先要实现其最基本的实用功能，才能考虑装饰。在《辞过》篇中，墨子还列举了宫室、服饰、烹饪、车船制造等四个方面的例子，通过圣王在造物初期对最基本功能的强调，阐述了器物的功能特征。

战国时期，与墨子持有相同观点的还有韩非子和管子等。韩非子用玉卮和陶器盛酒做比较的例子，前面已谈到。管子也说："古之良工，不劳其智以为玩好，是故无用之物，守法者不生。"显然，管子主张一切从功用出发，鄙视"无用之物"。而汉代王符则更强调"以致用为本"，他说："百工者，以致用为本，以巧饰为末。"这种器物要"以致用为本"的思想，被后来的文学家和艺术理论家们所继承，并进一步加以发挥。如唐宋八大家之一欧阳修认为："砖瓦贱微物，得厕笔墨间；于物用有宜，不计丑与妍。金非不为宝，玉岂不为坚，用之以发墨，不及瓦砾顽。乃知物虽贱，当用价难攀。岂惟瓦砾尔，用人从古难。"这里，欧阳修虽然是借砖瓦和金玉的宜用与否来说明知人善任的艰难，但"于物用有宜，不计丑与妍"的思想与"致用为奉"是相一致的。同是唐宋八大家之一的王安石也指出："要之以适用为本，以刻镂绘画为之容而已。不适用，非所以为器也。"王安石强调器物首先要适用，否则就不成其为器，其次要以刻镂绘画作为它的装饰。清初著名的戏曲理论家李渔在《闲情偶寄》中，针对当时的器物出现脱离实用、脱离生活的倾向，反复强调了造物的实用功能。李渔认为："人无贵贱，家无贫富，饮食器皿皆所必需。"李渔一生都以卖文演戏为生，出入许多达官贵人的门下。他坦言："予生也贱，又罹奇穷，珍物宝玩虽云未尝入手，然经寓目者颇多。每登荣臁之堂，见其辉煌错落星布棋列，此心未尝不动，亦未尝随见随动，因其材美，而取材以制用者未尽善也。"李渔指出这些珍器古玩的材料虽然美，但用这些材料制成的用品却不是尽善尽美的，其主要原因就是脱离实用。因此，李渔强调："凡人制物，务使人可备，家家可用"，"一事有一事之需，一物备一物之用"。譬如，"造橱立柜，无他智巧，总以多容善纳为贵。尝有制体极大而所容甚少，反不若渺小其形而宽大其腹，有事半功倍之势者，制有善不善也"。就是说，制作家具的橱柜，没有别的智巧，人们大都以多容善纳者为贵，曾有一些橱柜体积极大而容量却很小，反而不如形体较小，容积宽大，有事半功倍效用的。橱柜的设计制作也有好与不好之分。这个好与不好的首要标准，就是其实用功能。①当然，这些设计观点绝非李渔的个人创造，而是劳动人民长期实践的经验总结，是劳动人民朴素的唯物主义思想的反映。例如，"贵精不贵丽"，提倡价廉工省，注意使用质量的观点，在历代的家具、器皿、竹器、编织品以及民间建筑装修等方面的大量手工业生产中，便以造型朴素、构造合理、用材精练而著称。

通过前面几章竹器物的介绍和论述，我们可以看出民间竹器物无论在造物还是在使用中，都极其强调器物的"致用"原则。在造物中，它以使用的量为参考，制作出极其合适的竹器物，还充分运用竹材所存在的不同特性，以延长器物的使用寿命来考虑用材。在使用中，民众非常爱惜所用器物，能修则修，能补则补，即使是废弃了，也会把它当作柴火来烧。民间竹器物中体现出来的"物以致用"思想，概括下来，具体体现在以下三个方面：一是少量化的造物思想。即合理利用材料，减少消耗；以实际用量为参考，尽量减少体量；采用可叠放的形态；精简结构等等。二是修补和重复使用思想。竹器物大都采用编织和穿插结构，这为破损的竹器物带来修补及重复使用的可能性。实践证明，在民间中，修补大量应用于竹器物中。三是循环利用思想。

① 高丰. 中国器物艺术论[M]. 太原：山西教育出版社，2001：26.

民间竹器物的循环再利用方式也是多种多样的。废弃的竹器物除了修补再使用外，还可以用来当柴烧饭菜；废弃的竹材可以制作成其他器物；即使是灰烬，也可以用作农作物的养料（见图6-2）。

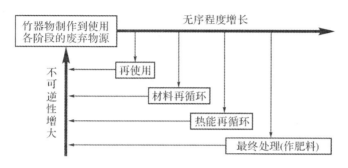

图6-2　废弃物循环系统

四、物以致心的原则

竹文化是"竹制器物、以竹为表现对象的文化形式和文化心理的总和"。大致说来，竹制器物是物质文化的范畴，以竹为表现对象的文化形式和文化心理是精神文化的范畴。竹文化的外延可确定为：除竹的生物属性以外，与竹有关的一切人类活动。[①]竹的文化属性是通过一定的物质形态、文化形式和文化心理表现出来的，大致包括实用性、审美性、象征性和宗教性四个方面。从竹文化的表现形式看，竹制器物主要体现竹子的实用功能，以竹为表现对象的文化形式主要体现竹子的审美功能和象征功能，以竹为表现对象的文化心理主要体现竹子的宗教功能和象征功能。

民间工艺的实用价值正在更多地转化为文化价值。[②]一个基本的事实是：我们今天大多数人为生动明丽的民间工艺品所吸引，除了形式因素对某些艺术家的感召外，其感情的共鸣最初往

① 王平. 中国竹文化[M]. 北京：民族出版社，2001：12.
② 许平. 造物之门[M]. 西安：陕西人民美术出版社，1998：301.

往出自于对淳朴自然的乡间生活的回忆、好奇或是感慨。这种"乡情"、"乡忆"的心理体验必定发自于长期囿于城市生活的人们（专家的调研材料表明，生活在城市和农村经济形态中的人们对于民间工艺品的态度是不一样的，农村的人们更多地抱有实用的态度），这种对于大自然环境的反思现象，标志着人与自然的和谐关系的深刻变化，而这种变化的社会性因素，显而易见的是人们经济生活的都市化。[①]

因此，对竹的使用也发生了一系列的变化。其实物的文化特征是指作为文化传统的物和社会心理之间的生态学关系。物由人来创造，物也会被淘汰，那么保留什么，欣赏什么，什么样的物有生命力，深厚的社会心理是其重要的生态土壤。尤其是当物的物质功能被其他形式的物代替的时候，如何评价它的生存价值，社会心理就成为重要的因素。[②]

在中国源远流长的文化历史中，竹文化作为社会心理的某种象征功能，有着多种多样的"说法"。吃竹笋不仅仅是果腹，更为了怡情，"饱食不嫌溪笋瘦"、"无竹令人俗"，"服日月之精华者，欲得常食竹笋。竹笋者，日华之胎也"；竹冠不只用于遮阳挡雨，或为帝王"祀宗庙诸祀则冠之"的"斋冠"，或为隐蔽锋芒、外圆内方人格代表，"竹冠草鞋粗布衣，晦迹韬光计"，或为文人淡泊世事、坚贞不屈的表现，"凌霜爱尔山中节，暇日便吾物外游"；竹杖除了扶助人们登高履险、支撑身体平衡外，还可用作丧葬之具和表达生活志趣，"竹圆效天，桐方法地"，"竹外节，丧礼以压于父"；以竹材建造居室，显示出中华民族"既安于新陈代谢之理，以自然生灭为定律，视建筑且如被服舆马，时得而更换之"的自然观和建筑思想，并表现了中华民族尚俭归朴、怡情自然的情怀，"傲吏身闲笑五侯，西江取竹起高楼。南风不用蒲葵扇，纱帽闲眠对水鸥"。各种以竹为题

---

① 许平. 造物之门[M]. 西安：陕西人民美术出版社，1998：303.
② 许平. 造物之门[M]. 西安：陕西人民美术出版社，1998：21.

材的文化形式层出不穷。以竹为材料的竹制器物、咏竹文学、写竹画、竹图腾和神祇、象征思想人格的竹，则更为直接地表现了中华民族内倾细腻的情感类型、"比德"的类比思维形式、阴柔和谐的审美理想、轻教义经典重宗教履践的实用理性宗教精神、凌云浩然之志和淡远自然之趣并重的人格追求。①

在安吉竹博园有一个咏竹廊，由安吉的书画爱好者将古人对竹的低咏浅唱作了深刻演绎，充分体现了竹乡人独特的竹子情结。历史上不少诗人、学者写了许多诗文，以竹之态、竹之景写竹之情。如唐代诗人王维《竹里馆》："独坐幽篁里，弹琴复长啸。深林人不知，明月来相照。"唐代张九龄赞美竹："高节人相重，虚心世所知。"李白赞美竹："不学蒲柳凋，贞心常自保。"刘禹锡赞美竹："多节本怀端直性，露青犹有岁寒心。"苏东坡叹："宁可食无肉，不可居无竹。无肉令人瘦，无竹令人俗。人瘦尚可肥，士俗不可医。"清代画家郑板桥《题墨竹图》诗："细细的叶，疏疏的节。雪压不倒，风吹不折。"他还赞美竹："咬定青山不放松，立根原在破岩中。千磨万击还坚劲，任尔东西南北风。"现代许多革命先烈和名人写竹的诗篇也很多，如方志敏诗："雪压竹头低，低下欲沾泥。一轮红日起，依旧与天齐。"叶剑英元帅的《题画诗》："彩笔凌云画溢思，虚心劲节是吾师。人生贵有胸中竹，经得艰难考验时。"

所以，表现在竹器物上，其实已经赋予了竹一定的文化内涵，及由此所呈现出的情感类型、思维模式、价值体系等人类的内在精神世界。英国著名学者李约瑟称东亚文明为竹文明，虽有过饰之嫌，却也不无道理。

中国古人对着一盘竹笋、一把竹扇、一张竹席、一根竹杖、一片竹林，可以玩味再三，兴致盎然，他们把生活艺术化了，把人生艺术化了。这说明事物对人的价值，不完全在于事物的贵重程度和经济价值，而更主要在于人对它的解释和所投入的情感，

---

① 何明. 中国竹文化研究[M]. 昆明：云南教育出版社，1994：7.

价值建立在对人—物关系的阐释之上。现代社会中我们能否在汲汲于生计的同时，留意一下我们身旁那些廉价而"味足"的事物，品味一下"个中三昧"呢？如果能够如此，我们的生活将不再是"机械化"的、充满"铜钱味"的枯燥世界，而是洋溢着诗情画意的艺术画廊，从而使我们的生活丰富多彩、绚丽多姿，我们的生活趣味品格提高、意蕴醇厚！①

在民间竹器物中，炊饮器具、家具、盛物器具等日用什物是人民生活中不可缺少的一部分。它们看来琐细、零碎，但在日用器具中却占了相当大的比重。民间工匠们在制作它们时同样倾注了大量的心血，在这些不显眼的什物中同样处处闪烁着人民的智慧。在民间竹器物的世界中，好像一切物质都被赋予了生命，即使最为普通、低廉的材料，经农妇的手几下拨弄，便会成为别具情趣的小物件；那些枯燥无味的日用器具，在工匠的精心设计下，一个个都显得那么生机盎然。

走进农家，满眼都是貌不惊人的竹、木、草、藤、柳、高粱秸做成的器具，外观不事雕琢，材质袒露无遗。但细细体味，那种袒露之中又有一种高贵的气质，体现着主人们对生活的一片真情。农民们对于生活有自己执着的追求，对人生的价值有自己的见解，他们不尚浮华，只是以自己诚实的劳动换取人生的幸福。在这些自制自用的器具中，同样表现出一种朴实、严谨的风格，而在朴实之中又流溢出情趣和机巧。②

柳宗悦在《民艺四十年》一文中写道："须留意极其地方的、乡土的、民间的事物，是自然而然地涌现出来的无作为的制品，其中蕴涵着真正的美的法则。"还有，柳宗悦在作为日本民艺运动宣言的《日本民艺美术馆设立趣意书》中写道："民艺品中含有自然之美，最能反映民众的生存活力，所以工艺品之美属于亲切温润之美。在充满虚伪、流于病态、缺乏情爱的今天，难

---

① 何明. 中国竹文化研究[M]. 昆明：云南教育出版社，1994：26.
② 廉晓春. 中国民间工艺[M]. 杭州：浙江教育出版社，1996：102、107.

道不应该感激这些能够抚慰人类心灵的艺术美吗？谁也不能不承认，当美发自自然之时，当美与民众交融之时，并且成为生活的一部分时，才是最适合这个时代的人类生活。"

浙江民众对于竹器物的大量使用，除了因为其廉价、实用的特点外，还因为对竹器物所产生的情感，因此许多竹器物至今还在使用。

五、爱物惜物的使用原则

浙江在古代非常贫穷，环境恶劣，浙江先民始终处在非常艰苦的境地，他们深知生活的艰辛，所以更加努力地去摆脱贫穷。可以说，环境的恶劣造就了浙江人民的勤劳和坚忍不拔的性格，同时，也造就了浙江民众"爱物惜物"的传统价值观。民众制造器物，器物又被人所使用，在这个造物的过程中，民众既是器物的设计制造者，同时又是使用者，因此为了达到对器物熟练使用并轻松驾驭的目的，他们往往会结合自身长期的生产、生活实践经验，从器物的形态、结构、材料等因素上，认真分析，反复推敲，不断传承，最终造就了得以沿袭千年的竹器物。在这个过程中，民众很难不带有比较真挚的感情色彩。"如果说中国是一个爱好和平的民族，那么，这里所说的天人同体之情的培养，应该是一个主要的文化根源。中国万物有情的思想，不但缓解了人与自然的争斗，也净化了深植于人类心底的破坏本性。"①

"爱物惜物"是指广大民众在对物的使用过程中，珍惜物的使用，延长物的使用寿命。

"爱物惜物"是浙江人民一贯沿袭的优良传统，人们在对竹器物的使用中也同样表现出对物"勤俭节约"的美德。"物"之所以为"物"，必有其内在的理由，有其逻辑上的规定性与结构上的界限。对这些理由的忽视，则必然带来能源与资源的极大浪费。在我去农村进行民间器物的使用与废弃物调查时，就为感受

---

① 韦政通. 中国的智慧[M]. 长沙：岳麓书社，2003.

到的那种"惜物用物"、"物以致用"的生活习惯而感到新鲜，为一把竹椅、一张竹凉席、一只竹箩等竹器物的反复使用功能而震惊不已。城市里生活的人们往往已经对身边物质应当具有的功能价值疏远了、陌生了、漠视了。对民间器物的研究，不仅仅是重新恢复对于一些已退出城市的生活方式与劳动方式的记忆，而且还使得年轻一代换取了一种对待"物"的眼光。①当城市的人们对物"用了就扔"的消费观念极其盛行的时候，我们已经远离了优良传统的根本，传统精神的延续也被现代化所抛弃、阻碍。在现代社会的生活中，人们对物品的"缝缝补补"越来越变得惊讶。随着社会发展，人们的生活水平也逐步提高，在对待物的方式上也发生了一些变化，虽然这些变化有着"浪费"的嫌疑，但这只是暂时的现象，这和"爱物惜物"的原则并不是一种矛盾，在民间竹器物的使用中，人们对器物的态度将给予我们良好的启示。

在民间竹器物的使用中，"爱物惜物"主要表现在以下几个方面：

一是对物的情感上，由于大多数器物，特别是一些简单的器物，都是自己亲手制作，虽然比较朴实和简陋，但倾注了他们的心血，所以在使用时一般都比较珍惜。

二是有些器物使用的时间比较短或者不经常使用，比如，摇篮大概只使用两三年，基本上并没造成损坏，所以使用完后，便转交给亲戚或邻居使用，这样一直延续下去。而对于一些不经常使用的竹器物，比如打稻用的稻桶，一般采用相互借用或共用的形式进行使用，大大地提高了器物的使用效率。其实在现代城市生活中，很多产品是不经常用的，这必然会造成某种资源的浪费。

三是器物的使用寿命问题，在民间的竹器物使用也给予了良好的答案，如竹凉席，大概能使用十年以上，而且使用时间越长

① 许平. 造物之门[M]. 西安：陕西人民美术出版社，1998：149.

越舒适。从刚编织出来的淡黄色及比较粗糙到使用后的深红色和光滑，这种经历本身就令人愉悦。

四是对于一些破损的竹器物的修补，也体现了人们的用物意识。在民间很多竹器物是编织而成的，所以一旦某处破损后比较容易修补，不像一些塑料制品破了就得废弃。

第二节　民间竹器物作为民俗文化载体的特征

虽然民俗和民间器物是两个不同的领域，但我们在研究民间器物时必须要介入民俗学的概念，也就是说，把民间器物放置在民俗的情景中加以研究，才能充分揭示其内在的含义。比如，筷子原先的名称是箸，但江南一带的船家认为，"箸"与"住"同音，"住"乃停止之意，不吉利，便有了与"住"相反的"快"的叫法，后来又由于"快子"大多为竹做，便出现了一直沿用至今的"筷子"名称。还有浙江民间用的火熜，因"熜"与"种"谐音，火熜即火种，才有了浙江婚姻习俗中以火熜作为随嫁的重要物品。类似上述的例子发生在竹器物上是比较多的，从这点来看，它们已不是严格意义上说的为了生活、生存而使用的民间器物，一旦这些器物被推而广之，在一定条件下，就不能排除它们作为民俗文化载体的特征。从竹器物在浙江的普及情况看，虽然它们大量存在于民间的生活、生产以及文化艺术领域之中，但只是民众生活、生产和文化艺术活动的一个部分，还有大量的其他器物存在。因此，从构成民俗的单一民俗事象和系列民俗事象这两个要素看，竹器物作为民俗物的一个种类，对它的研究只能从单一民俗事象上开展。

一、民俗竹器物之民俗

民俗物是构成民俗的最基本材料。所谓民俗物，指的是那些并不带有民俗含义但能够参与民俗事象构筑和被附加上民俗符号的社会存在。①在民俗文化中，人们总是通过大量的物象、图像、意象和表象等民俗物来表示某种特殊的民俗意念，从而使民俗物成为"具象实物和抽象意义之间的一种关联。这种关联，就是所谓'象征功能'或'象征意义'"②。这种民俗物，是民俗事象中"最原初和最基本的质料"③。而这种质料，在我国民间是大量存在的，几乎涵盖了各种我们所接触、所熟悉的自然存在，在一定条件下与民俗有一定联系的物都普遍带有民俗物的性质。这里所说的一定条件，是指这种民俗物参与民俗构成的必要前提。如果这种条件不存在，那么，这种客观存在仅仅是一种自然存在而已，因而也就不具备民俗物的特征。比如，作为放置针线的针线篮，它是一种盛具，并不带有民俗学上的意义。但是，当它被用作婚嫁民俗的构筑材料时，便有了除盛具外的民俗学含义，即通过针线篮作为随嫁物品，旨在教导女儿到了夫家后，要孝敬长辈，勤于女红，成为人们表达出嫁之女贤惠、孝敬、勤劳的一种符号，从而使针线篮上升为一种民俗物。

那么竹器物作为民俗物的条件，即竹器物作为民俗文化载体的基本特征是什么呢？

前面已经论述了社会存在需要在一定条件下才能成为民俗物，也就是说，并非所有的社会存在都可以被民众拿来当作民俗物而用于民俗事象的构筑。下面针对民间竹器物来看看被用作民俗物所要具备的条件。

首先，参与民俗事象构筑的民俗物，必须是民众所熟悉的与民众生活有着密切联系的动植物或其他自然物遗迹想象物和语言等。民众用这些大家较为熟悉的民俗物去创造民俗事象，从而使民俗自其诞生那天起就具有了便于民众群体认同的特点。因此，

① 叶涛，吴存浩. 民俗学导论[M]. 济南：山东教育出版社，2002：108.
② 叶大兵. 论象征在民俗中的表现和意义[J]. 思想战线，1992（3）.
③ 乌丙安. 民俗学原理[M]. 沈阳：辽宁教育出版社，2001：13.

要作为民俗物，必须是民众常用之物，如果不常用或很少见到，则就失去了民俗之于广大劳动人民的普遍意义。从浙江民间竹器物看，竹筛、稻桶、竹筷、团箕、簸箕等物品，均是家家户户常见常用之物，因而有作为民俗物的可能。

其次，民众把某一器物作为民俗物，需要和民俗活动所倡导的主旨相联系。比如，竹筛是筛选谷物的器物，由于筛具有过滤（洁净）、筛选的作用，常被民间乡民用作辟邪的民俗之物，由此便产生了用竹筛防被拨走风水、呕魂灵、做三朝等民俗。又如，筷子的使用在浙江民间是极其讲究的，此讲究的根源在于和生活中诸事的比较，产生了三长两短、当众上香等不吉利的使用方法。还有，吹火筒是民间用于助燃的器物，但由于其"通"的特性，便被民众用于"割脚绊"的民俗事象之中。

上述的民俗事象，实质上皆是民俗含义交流过程中所特有的一种信息符号，即民俗符号。民俗符号所带有的含义的表达，是通过民俗物这个民俗符号的表现体来实现的。民俗物带有指示性和象征性，能够将民众群体所形成的某种共识予以充分表达。因此只要将民俗符号与民俗物异常恰当地结合在一起，就能够准确表达能被民众明确的信息。[①]那么什么才能被称为异常恰当的结合呢？异常恰当本身就是一个抽象的概念，这里就需要有一个认定，即认定恰当和不恰当的概念，如果被认定为恰当的，那么此物便有可能成为民俗之物，当然，民众不可能像学术界一样专门制定出一个合理的定义来进行认定，而是通过民众长期形成的、被大家所达成共识的主观意识来认定的。在前面几章所介绍的民俗物当中，我们都可以发现这种"异常恰当"的存在，同时也说明了，民众对民俗物的确定绝非是随意的、偶然杜撰出来的，而是一种约定成俗的结晶。

由此可见，人类将不同的民俗符号粘贴或编织到民俗物之上而形成的民俗事象，其大体的手法不外乎"寓意"或"象征"

---

① 叶涛，吴存浩. 民俗学导论[M]. 济南：山东教育出版社，2002：114.

等。这些方式主要是从民俗物所具有的某些自然属性出发，或通过抽象思维，或运用谐音取意，或依赖传说附会等手段创造出大量的民俗事象。而且有些民俗物与不同的社会结合可以产生出不同的民俗意识与观念，如上述所举的竹筛，除了作为辟邪（通过抽象思维）的民俗物以外，还有畲族风俗习惯"踏米筛拜祖"中对畲族祖先传说的附会，表达了对三公主的尊重之意。在杭州地区，孕妇产期将至，外婆家要送催生礼。一般送喜蛋、桂圆及褓裸，于达月的朔日，派人送往男家，并携笙一具，吹之而进，以表催生之意。也有用红漆筷子十双，或用竹筷以洋红染之，一并送往，取快生快养之意。[1]在这里的"催生（吹笙）"和"快（筷）生快养（洋红）"，均用的是谐音的手法。另外，在杭州地区的迁居风俗中，搬迁之物分先后，第一批搬入者为"发篮"、梯子、晾衣的多枝竹竿、万年青、吉祥草和柴米等。"发篮"，为杭州竹制篮，糊以彩纸，篮中贮头发等物，悬于厅堂庭柱之顶角。"发篮"谐音"发嘞"，取兴旺发达之意。晾衣的多枝竹竿（俗称"节节高"），梯子（"步步高"）都取纷纷高升之意。万年青、吉祥草各两盆，置堂前画桌左右，取意为吉祥如意。直柴和大米二担，取柴米富裕之意。

因此，浙江民间竹器物作为民俗之物，由于其广泛的应用性和普及性而被浙江民众广为使用和流传。在内涵上，作为自然物的竹器物和作为民俗物的竹器物在符号意义上也有着密切的联系，这种联系，有些是比较直接的谐音比喻，有些是通过对竹器物功能的抽象化提取，有些则是伴随着神话传说，不一而同。

另外，作为民俗物的同一民间竹器物，也不是单一的民俗符号组成的，在不同的区域有着不同的"寓意"或"象征"意义，即使在同一区域也有着不同的符号意义。从上面我们所举的竹筛的例子来看，有些地方具有辟邪的符号意义，有些地方则有

---

① 浙江民俗学会. 浙江风俗简志[M]. 杭州：浙江人民出版社，1986：43.

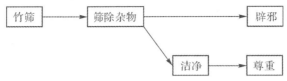

图6-3　竹筛作为民俗物的符号的抽象过程

洁净的符号意义，而在畲族地区，还可以引申为尊重的意思。这些现象均表现出了对竹筛的一种抽象过程。那么这个过程是怎么形成的呢？为什么一定要用竹筛才能表达这些符号呢？民俗事象的构成需要两个具体的环节，即民俗符号和民俗物，而且任何一种变动，必然会引起民俗事象的变异。但是相比较而言，民俗物仅是民俗符号的依托和借取，真正在民俗事象构成中占有主导和灵魂地位的只能是民俗符号。因此民俗事象的形成，首先是民俗符号的确立，只有确立了民众需要的民俗符号，民众才有可能通过对民俗符号的意义理解来寻找民俗物，而这个民俗物必须是民众普遍拥有和认识的自然存在物，然后才把具备这个条件的各种器物和民俗符号进行比对，最后才确定某一器物作为民俗物来举行民俗活动，因此，民俗物的形成绝非是随意杜撰出来的，用竹筛来作为上述的象征，也是和竹筛所表达的符号相一致的（图6-3）。再如，在余姚地区，若某家新添人丁，主人会在大门口挂出标志物。若生男，放一把带红纸的铁耙（平原乡村）或红纸包的毛竹杠（山区）；生女孩，挂一只带红纸的竹篮、绣花篮，山区用毛竹梢编成的大竹篮。这里带红纸的铁耙、毛竹杠和竹篮就是民俗物，红纸象征吉祥喜庆，而铁耙、毛竹杠和竹篮就代表了新生儿的性别，毛竹杠既表示了家长对男儿长大后身强力壮、勤劳致富的美好愿望，也含有男性生殖器的意思，在平原地区，由于毛竹稀少，则普遍用铁耙表示。竹篮则是女红的象征。表6-1是浙江民间竹器物作为民俗物所传达的符号意义。

表6-1　浙江民间竹器物的符号意义

民俗物	民俗符号			民俗物	民俗符号		
	抽象思维	谐音取意	神话传说		抽象思维	谐音取意	神话传说
竹筛	洁净/辟邪		尊重	团箕	团团圆圆/好合		
竹筷		快速		火熜		火种	
竹杠	身强力壮			竹笋	成年/出嫁/丧事		
竹篮	女红			笟篱	面食店		
筀		生育		吹火筒	通气/通过		
竹竿	节节高			饭篮	生计		
竹梯子	步步高			竹马			情意

二、竹器物的民俗事象特征

前面我们分析了竹器物作为民俗物的基本特征，接下来还要讨论浙江民间竹器物作为民俗物所产生的民俗事象，也就是说与竹器物相关的民俗事象所包含的内容及其特征，因为只有当自然物用于民俗事象中，才能被称之为民俗物。大家都知道，民俗物包罗万象、纷繁复杂，既有木制的，也有竹制的，既有语言的，也有非语言的行为，各不相同。因此，针对一定区域的整体民俗事象并非只用单一的符号和物质载体，而是存在着极为庞大的语言和非语言交流符号系统。这个庞大的交流符号系统不仅能够担当起信息传达的职能和媒介，而且是人类信息交流的必不可少的手段。如巫师跳神时的模仿动作、婚礼举行时赞礼人的手势、庙会上祭祀的钟鼓声、成人礼举行时所穿衣物、春节期间的爆竹声、恋人交换的信物以及各种民俗活动中的器物等等，不一而足，它往往是复合的。如果单纯从竹器物去探讨民俗文化，那仅仅是中国民俗文化之冰山一角，而且也不可能具有系统性。因此，针对作为民俗物的民间竹器物之民俗文化的探讨，只能是单个民俗事象的研究。尽管如此，我们还是稍作整理，对发生在竹器物上的民俗事象作了一个归类。

　　按照民俗学对民俗事象所划分的物质民俗、行为民俗和意识民俗三个标准来看，民间竹器物作为物质，自然属于物质民俗事象的范畴。在竹器物的制作和使用过程中，则有行为民俗的特点。而在用竹制作成占卜工具用于占卜时，则又有了意识民俗的特征。因此，作为物质形态存在的民间竹器物，却在制作和使用过程中同时又具备行为民俗和意识民俗的特点，这和民俗事象的复杂性和模糊性特征是一致的。民俗事象的分类如同民俗的定义一样，是一个纷纭复杂和难以统一的问题。其中固然存在着分类所依据的标准不同的原因，但更为重要的原因则是在于，民俗本身就是一种涵盖异常广泛的原生性社会生活文化事象，因而很难划清其本身的界限，即使依据同样的标准，也可以既将某种民俗事象划分为这一类民俗，又将其划归于另一类民俗。[①]而且，在对竹器物民俗事象进行定性时则不难发现，意识民俗与行为民俗和物质民俗总是水乳交融，但无论是物质民俗还是行为民俗，其深层结构都保存着意识的因素。并且，即使是典型的意识民俗，也往往用物质民俗和行为民俗作为媒介来表达自己。比如，在旧时台州民间流行的"卜团箕神"（卜紫姑）的精神问卜，显然属于意识民俗，但它必须要借用道具才能完成占卜，即在夜晚，少妇、少女们到就近厕所插香烧纸钱，口念咒语，从厕所旁捧一石块，置团箕上扛回屋，认为神灵会附在这块石上。然后将团箕放在一个木制水桶边，下边用四个竹管竖插于四角。女友们手握竹管，先以某一人年龄、口袋中某物件数目等问题试验其是否灵验，然后卜行止，如砌灶、造物、筑栏等以几时为宜，妇女问何时为小儿断奶，闺女或问男家何时来娶等。这里扶即"扶架子"，所用道具为竹管、团箕或簸箕等组成的架子，由两人以上组成的手在扶架移动时"卜以问疑"。因此，这也表明，即使是意识习俗也非全为无形的，只不过是意识在这个民俗事象中占有主导的成分和地位而已。

---

① 叶涛，吴存浩. 民俗学导论[M]. 济南：山东教育出版社，2002：255.

1. 竹器物作为物质民俗的特征

在物质民俗、行为民俗和意识民俗三个大类中，物质民俗是与人类生活最为密切的一种。所谓物质民俗，是指人类在日常生活中所依赖的和能够感觉到的有形的实体性民俗，也即物质生活民俗。物质生活民俗是生活民俗中最为重要的一个方面。物质生活民俗是以满足生理需要和"安全需要、社会（情感）需要、尊重需要和自我实现需要等较高层次的需要"为目的的社会生活文化现象，是这种民俗所在民族传统观念的外化。[①]它包括了饮食习俗、服饰习俗、居住习俗和器用习俗等，在本书中，我们仅谈器用习俗，即竹器物的习俗。

所谓器用习俗，指的是人们所使用的各种生活用品及有关工具等，有条编、竹编、木器、铁器、陶器、瓷器、青铜器等多种风俗。虽然这些纯粹的物品完全是以物的形式出现的，但是其中同样掺入了不同人类民众群体所拥有的各种文化，因而能够从另一个侧面来体现这些民众群体的民俗特征和传统文化，当是民俗学研究的一个重要方面。竹器物是民间众多器物的一个种类（按材料划分），因此，竹器物具有器用习俗的特征。关于竹器物的器用习俗，在前面几章中我们已针对具体竹器物作了详细介绍，此处不再赘述。

2. 竹器物制作、使用中作为行为民俗的特征

所谓行为民俗，指的是受思想和观念支配而表现出来的外在的各种风俗习惯活动。人的行为，并不仅仅是人类自身器官的生理活动，而且还是使用各种生产工具和器械、遵守各种规范、进行各种文化创造的超生理活动，是另外两类民俗（物质民俗和意识民俗）的必要组成部分。它主要包括了行为活动方式民俗和行为活动规范民俗两个大类：行为活动方式民俗主要包括生产民俗、交通民俗两类，行为活动规范民俗主要包括技术民俗、社会组织民俗、人生礼仪民俗、岁时节日民俗和游戏娱乐民俗等。

---

① 钟敬文. 民俗学概论[M]. 上海：上海文艺出版社，1998：73.

从前面几章的论述中，我们得知民间竹器物的制作和使用过程当中，存在着大量的和行为民俗相关的内容。比如，在生产用竹器物中的生产民俗，在竹工匠行业组织中的社会组织民俗，还有在生活用竹器物中的人生礼仪民俗和岁时节日民俗等等，均是民众在制作、使用竹器物中所产生的民俗事象。

从浙江民间的物质生产民俗来讲，竹器物制作和使用过程中的民俗事象主要包括了农业生产习俗、渔业生产习俗、手工业生产习俗、商业经营习俗等等，构成了行为民俗最为重要的一个方面。在农业生产习俗中，稻作生产习俗是浙江民间生产习俗的主要特点，特别在耕作习俗中应用了大量的竹器物，一到农忙季节，放眼望去，尽是竹器物的世界，竹连枷、竹柄铁锄、竹箩、竹筛、竹扁担、竹簟、竹棒等等。在渔业生产习俗中，也有不少与竹有关的器物，如竹篓、竹箅、竹渔簖等。在手工业生产习俗中，比如手工业的技艺传授习俗、行业习俗等。在过去，浙江民间各种手工工匠在师承关系上有着明显的谱系性，在技术传授上有着严格的封闭性，不同行业存在着各自的祖师崇拜，形成了较为特殊的社会组织民俗。

至于人生礼仪民俗和岁时节日民俗中，所用的竹器物就更多了，比如女子成年要戴竹笄、婚姻要用针线篮作为陪嫁物品、走亲访友要用杭州篮、送终要吃米筛羹饭、节日要跳各种竹编的灯舞等等。

3. 发生在竹器物周围的意识民俗特征

意识民俗是意识在民俗中占主导地位的民俗，它主要包括心理民俗、信仰民俗、语言民俗和禁忌民俗四个大类。竹器物作为物质性存在，它本身不具备意识民俗的特征，但是，民众在制作、使用竹器物的过程中，产生了围绕在竹器物周围的诸多心理、信仰及禁忌等属于意识层面的习俗，而且对一些竹器物的解释，我们也必须介入这些概念才能更为充分地了解竹器物的真正内涵和意图。调查和分析表明，发生在竹器物周围的意识民俗事象是普遍存在的。

从心理民俗来看，浙江民众群体在其共同的社会实践和社会生活中自发生成的一种"爱物惜物"、"材尽其用"、"物以致用"的朴素的、生态的社会观念，就是心理民俗的一个范畴，虽然这些观念并没有经过专门的加工而成为明显的有条理的民俗心理，却是协调群体内部活动、保持基本一致心态的决定性意识，甚至产生了强大的维系力和凝聚力。在这种心理状态下，包括在某一群体内民众的社会价值观念，也形成了较为一致的追求和活动，从而产生了统一的行动，甚至干预了民众的审美意识。

从信仰民俗看，发生在民间竹器物周围的信仰民俗主要包括行业神崇拜的信仰对象民俗和祭祀、占卜的信仰方式民俗。行业神的崇拜是比较普及的，我国的各行各业大多具有自己的行业神，竹器物制作行业也不例外，竹工匠的行业神崇拜对象就是"泰山"或"鲁班"，而且通过行业神的崇拜，来团结或约束同业人员，达到了维护行业或行帮利益的目的，使得本来较为松散的工匠有了一种归属感。另外，以竹器物作为祭祀和占卜的载体，在浙江民间也是非常普遍的，每逢各类节日，均有一些祭祀活动，这些活动也大多用一些常用的器物作为道具，其中就有一定数量的竹器物存在。在浙江地区的占卜活动中，不少与竹有关，如大家非常熟悉的掷杯珓、摇竹签、向屋顶丢墨鱼箬篮、请团箕神等占卜活动，这些占卜所用的竹器物被赋予了超自然的神力，或成为神赐的法宝，披上了神秘的色彩。

禁忌也是巫术的一种，但禁忌和符咒是不同的，前者是积极的、进攻性的，后者则是消极的、退避的，詹·乔·弗雷泽在考察了世界各地民族中存在的种种禁忌现象后，得出结论说："我们观察到'交感巫术'的体系不仅包含了积极的规则，也包含了大量消极的规则，即禁忌。它告诉你的不只是应该做什么，也还有做什么。"[①]在浙江地区的民间，禁忌几乎遍及生产、生

---

① 詹·乔·弗雷泽. 金枝[M]. 北京：中国民间文艺出版社，1987：31.

活的各个领域。它和职业、地理的关系极为密切，各种不同的职业有各自特有的禁忌，而不同的地理在内容上又有不同的区别。[①]一般来讲，环境越险恶、生产条件越艰苦的行业，禁忌也就越多。浙江是多山地区，以前百姓的生活条件异常艰苦，由此产生了许多禁忌。针对竹器物的使用也产生了一些"忌讳"，比如，对于筷子的使用就有诸多的忌讳，除了第三章所描述的十种禁忌外，沿海渔民在渔船上吃饭时，绝不能把筷子搁在碗上，因为渔民把筷视作船，把碗视作礁，如果有人把筷子搁在碗上，船就会"触礁"。还有对扫帚的使用也有不能倒过来放置或使用的忌讳，认为这种方式会把脏东西带给上天，招来天谴，而且还不能用扫帚来赶打鹅，如果赶了，鹅的翅膀就会向上反翘。女人不能跨扁担，如果女人从横着的扁担上跨过，再用这根扁担挑担，据说挑担人的肩上就会生一种叫"担怪"的毒疮。割稻时，脚不准搁在稻桶上，不准吹口哨，认为这样是对五谷神不敬，要影响丰收。

总之，由于竹器物的大量存在和普遍使用，竹器物作为民俗之物的特征是大量存在的。对作为民俗物的浙江民间竹器物的生活与文化特征的研究，必须介入民俗学的概念，只有把民间器物放置在民俗的情景中加以研究，才能充分揭示其内在的含义。

第三节　民间竹器物的审美特征

要谈论竹器物的审美特征，就必须要认识美的含义，但"美"却是那样的难以理解，它的难度在于，一方面是美的本质，即评价美的标准是什么？另一方面是美的度量，也就是美与不美的界限到底在哪里？

对于美的本质，按照李泽厚先生的说法："我仍然认为不

---

① 姜彬. 吴越民间信仰民俗[M]. 上海：上海文艺出版社，1992：88.

能仅仅从精神、心理或仅仅从物的自然属性来找美的根源，而要用马克思主义的实践观点，从'自然地人化'中来探索美的本质或根源。如果用古典哲学的抽象语言来讲，我认为美是真与善的统一，也就是合规律性和合目的性的统一。"[1]而成复旺先生则另有一番说法，即："功利先于审美，审美源于功利。审美的超功利，只在于它是实现了的功利。人通过改造客观世界的实践实现了自己的功利目的，就会在合于自己功利目的对象上产生超功利的精神快感，即美感。……因此，审美所关注的，主要是目的的实现，是合目的性，而不是合规律性与合目的性的统一；至于实现了的目的自然包含着或多或少的合规律性，那完全可以是美感以外的事情。"[2]对此，吕品田先生的看法是"在民间文化观念中，善的观念也就是美的观念，合目的性的事物也就是美的对象。即，审美意识与功利意识是交织融合，混沌统一的。"[3]由此可以看出，不管是对民间艺术还是对民间器物的审美，均脱离不了它的合目的性，也就是说，器物之美首先要体现出器物对于生活的需要。从民间器物来讲，美的首要条件是满足"好用"的功利目的，其次才是合规律性的美，两者之间的美并非是单纯的统一，还有着一定的次序问题，这也是民间器物以实用为第一要务的特点。

对于合目的性的美，我们是比较容易理解和判别的。但是，对于合规律性的美的理解则要复杂得多，而且难以辨别。因为，对合规律性的美的判断介入了个人的思想意识因素，每个人对于某一事物的判断皆会产生若干不同的看法，庄子曰："各美其美"，就是因为这种情况的存在，才使得合规律性的美变得难以辨别。你说是美的，我说不美，那么到底是美还是不美？按照数学的统计概念来分析，在某一群体中，超过50%的人认为是

---

[1]　李泽厚. 美学三书[M]. 天津：天津社会科学院出版社，2003：436.
[2]　成复旺. 神与物游——论中国传统审美方式[M]. 北京：中国人民大学出版社，1989：271.
[3]　吕品田. 中国民间美术观念[M]. 南京：江苏美术出版社，1992：143.

美的，那应该就是美的，但事实并非这么容易判别。为了更为清晰地说明问题，我认为还是先规定合规律性的事物（审美对象），即从民间器物的角度去看待这个问题。因为人们对民间器物和其他器物或艺术品之间存在着一定的审美差异，不能统一来对待。

因此，在介入这个议题之前，我们必须要认识民间器物的美与贵族器物之美的差别。毋庸置疑，民间器物的美首先是合目的性的美，也就是说，一件对民众不具备"功利"的器物，它已经失去了美的意义。但在现实中，却是另一番景象，民众在选择制作器物的工匠时，往往是通过亲戚朋友或邻居的介绍，"谁谁谁的技术（或质量）很好，你可以叫他来给你做"。而不是说"谁谁谁做的东西很顺手（功能很好）"，这似乎和上面所说的民间器物以功利之美为第一要素的概念相违背，那到底是什么原因呢？其实道理很简单，在20世纪之前，由于民间器物存在于山村民间，存在于自给自足的自然经济条件下，使得历次的历史变革对民间的影响降低到了最小化，不管上层社会怎么变，民众还是照样的生活和生产，中国长期以来形成的农耕生产方式，在一定区域内已经形成了较为固定的体系，用于生活和生产的器具物品已经形成了和该体系相匹配的模式，而且长久以来一直如此。这样，民众对于这些器物的合目的性已经深信不疑，认为现在所用的器物已经是最为合理的器物，在这样的背景下，民众在选择器物时自然而然地抛开了器物的功利性，而去关注器物的其他情况，比如技术和质量，最后才是形式之美，这也是民众在市场上选购所用器物时对质量苛刻要求的原因。当然，对质量的苛求，其实也是民众对器物的"功利要求"，因为只有质量好的器物，人们才能长久地使用它。而贵族器物之美，却和以实用为主的民间器物存在着截然不同的概念，一般来讲使用艺术品的家庭，均是较为富足的家庭，民众对于这些器物的审美，首先是满足精神上的需求，其次才是带有功利性的物质需求，或者精神和物质需求相并列，这时候，合规律性的美就显得非常重要了。

从民间艺术和贵族艺术的比较来看，也存在着这样的差异。以实用为主体的民间工艺美术和以观赏为主体的宫廷及文人士大夫工艺美术体系。它们作为在不同社会环境和条件下生长发展起来、代表不同阶级利益的两种工艺文化形态，有着不同的生产方式、组织结构、功用目的和美学特征。民间工艺美术主要是自然经济的家庭手工业，生产的目的主要是为了满足生产者所代表的阶层的自身需要。生产与消费的统一，生产者和消费者的零距离接触，使民间工艺美术产品完整地体现了实用、审美一体的基本原则，具有朴质、刚健、明快的品质。宫廷及文人士大夫工艺产生于官营或私营手工业作坊之中，迎合贵族和文人阶层的需要和趣味，因而侧重于显示观念意蕴和追求观赏把玩价值，推崇精雕细刻、矫饰奇巧。

到了当代，特别是21世纪以来，我国农村的生活水平发生了翻天覆地的变化，以前认为在功利上无可挑剔的竹器物，面对更美、更方便的塑料或金属制品时，人们表现出了对塑料、金属制品极大的兴趣和热情。这些产品大量替代了竹篾制品，成为人们生活、生产中的主角。同时，也有一些竹制品因无法替代或替代成本较高，被保留了下来。那些被替代的产品，也或多或少地留下了原先器物的基本形式。但无论怎么替代，对合目的性美的要求自始至终仍旧占据着重要的位子，只不过合规律性之美的地位相应地提升了而已。

说到这里，我想再去解答民间器物的合规律性之美，就显得比较容易了，而对于贵族器物的合规律性的美还是难以解答，在这里也没必要解答。从民间器物来看，所谓合规律性的美就是民众长期以来形成的对器物的一种"固化"认识，它的美深刻体现了"物我一体，人器合一"的思想观念。民众对于该器物目前存在的样式已经达到了习以为常的状态，但其样式又深深烙在民众心中，而样式反映了器物的功能，同时也反映了民众对合规律性美的形式要求。在人类漫长的、长达几十万年的制造工具和使用工具的物质实践中，劳动生产作为运用规律的主体活动，日渐成为普遍具有合规律的性能和形式，对各种自然秩序、形式规律，人类逐渐熟悉了、掌握了、运用了，才使这些东西具有了审美性质。① 由此，民众通过几代人甚至几十代人的努力，创造了异常适合本区域民众的审美样式，不断传承直至固定下来，其美已经长存于民众的心中，而且通过物质形态延续了下去，这就是民间器物合规律性之美。具体反映到工匠上，那就是连工匠本身也不知道为什么要做成这种样式，只知道这种样式是一代代工匠传承下来的固有模式，工匠的任务是把这个固有模式一批批地复制出来，传承下去，并把该模式下的器物广泛地制作出来。民众也逐渐在这种模式中，确定了自己的审美倾向，这种倾向是非常牢固的，如果你去问乡民"畚箕"是什么样的，那么答案就只有一个，就是自己手中的样子，而没有别的样子来代替它。假设，将来有一种其他材料制作的器物来代替现在的竹制畚箕，那么它最初的形状还是现在的样式，至于后来的样式怎么变，只能等待民众去不断地适应。

　　那么，民众还有没有把自己独特的审美倾向放置在器物上的可能性呢？也就是有没有个性之美的存在呢？工匠上门服务的工作特点，就说明了答案的可能性，不像现在的商品，制造好了再把它放置在购物架上让消费者去购买，上门服务和主人亲密接触，主人便不自觉地把自己的审美意识释放了出来，工匠除了大体的样式不变（其实他也没有办法改变），在细节上就可以把主人的意识反映在器物上，比如在器物上刻个图案，写一些诗歌或把自己的理想通过成语的形式写在器物上等等，均体现了民众对于自身审美的要求，也就是共性之中寻求一些个性。

　　通过上面的论述，我们认为民间竹器物的美首先是功能之

① 李泽厚. 美学三书[M]. 天津：天津社会科学院出版社，2003：436.

美，其次是技艺（技艺在某种程度上代表了质量）之美，最后才是形式之美。因此，在下面所论及竹器物之美的特征时，也是按照这样的顺序进行排序的。

一、功能之美

几乎所有的民间器物都产生于生活、生产的需要，产生于用途。正如马克思所说："没有需要，就没有生产。"[①] 人们为了生存和生活，必然有各种欲求和愿望，这种欲求和愿望便构成了民众造物的基础动力——实用，当然"实用性"更多地表现为衣食住行用等物质层面的满足，虽然许多民间器物发展到后来逐渐加入了"美"的概念，属于精神领域的需求，但自始至终它还是以实用为主的。

前面我们已经论述了民间工艺与贵族工艺有着较大的差异，也就是说贵族工艺更多强调的是精神领域的需求，而不是以实用为主要目的。日本民艺学家柳宗悦在对民间工艺和贵族工艺作比较时，称贵族工艺为"旁系"之工艺，淳朴的、以实用为主旨的器物才被叫作"正宗的工艺"。但现在的问题是，人们从来没有把这"正宗的工艺"当作欣赏和评价的对象。确实在这些使用的器物中，并没有特别值得提及的因素和重要的理由。毫无疑问，民间器物，包括竹器物在内的众多实用性器具物品，却像空气一样大量地留存在我们的周围，它是那样的自然，自然到人们根本没有任何的理由来关注它的存在。但也就是这样的器物，人们才可以"粗暴"地使用它，而精美的器物恰恰是不堪使用的。"质朴是其宿命，平凡是其命数，劳动是其命运。"[②] 就是在这样的平凡之中，才造就了人类丰富多彩的世界，包括精神世界。

民间器物的功能之美，还与民众作为审美的主体有关。椅子不被人坐，就不成为椅子。再好看的画，若没有人观赏，也不成

---

① 马克思恩格斯全集. 第十二卷.
② 柳宗悦. 工艺文化[M]. 桂林：广西师范大学出版社，2006.

为艺术。因此审美依赖于审美主体的素质及其态度。①民间器物的审美主体自然是乡民，那么对器物最有发言权的就是乡民，乡民的习惯、情趣和普遍素质则成为审美的关键，他决定了某一个器物的被人接受和流行。只有当众多乡民认为该器物是美的、是实用的，那么该器物才有继续存在的基础，也就是说美具有"合规律性"的特征。乡民和上层贵族的审美素质有着极大的差异，这些差异导致了不同角度上所认为的器物之美，因此在器物的形制、功能等要素上体现了极大的不同，也就是上段所说的贵族工艺强调的精神性和民间工艺重视的实用性上的差异。

民间工艺的本性既然是以"用"为主的，那么作为工艺产品的器物之美必然离不开"用"。在这里，美的基础是实用性，因此，实用性决定了美的性质。需要补充说明的是，美并非仅是外形之美，更重要的还有内在之美。就像我们评价一个人的美时，更多的是讨论心灵之美一样。对于器物来讲，其内在之美我们甚至可以用"实用"之美来代替，因为实用才是民众所迫切需要的，筛除了器物的实用性，那么该器物在民众眼里将一无是处。相反的，即使我们认为某器物的外形一无是处，但只要有实用存在，那么它照样能够为使用者提供用的需要，它照样是美的。现在，随着物欲时代的到来，我们的乡间发生了翻天覆地的变化，变化之一就是民众对实用性器物的重新认识，许多比传统器物更实用的产品逐渐代替并改变了原有的存在几千年的器物，但代替是居于多数的，也就是说除了材料和工艺的改变之外，其外形和"实用性"还是较为完整地保存了下来，以器物作为载体的民俗文化也有了传承的基础。

民间竹器物的实用性是有目共睹的，无论是用于生活的，还是用于生产的，抑或是文化的，无不以实用作为最重要的功能。从生活用品来讲，人们为了蒸制食品，发明了甑箅、蒸架和蒸笼；为了助燃，创造了竹火筒和竹扇；为了洗米，制作了筲箕；

---

① 李泽厚. 美学三书[M]. 天津：天津社会科学院出版社，2003.

为了运载，创造了竹篮等等。从生产器具来讲，用于晾晒食物的晒簟；用于盛装谷物的竹箩；用于脱粒的连枷；用于抗洪的竹笼等等。如此种种，均是以实用为出发点的器物创造。竹器物之美，不仅仅是通过外形就能够界定的，况且，许多竹器物的外形也是非常美的。

为了完成"用"的功能，器物必须具备耐用的性质。特别是针对乡民生活、生产用的器物，必须要符合被"粗暴"使用的特点。"工艺是实用之工艺，是以实用性为本旨的，能够遵循这个本旨并低廉地供使用的器物，可以说是工艺所具备的一个方面。民众不是富有的，为此，工艺必须在民众经济所能承担的范围之内，所以限制价格是应当的。"①当器物的价格变得廉价时，人们的需求量便会相应地增加，"价廉而物美"一直以来是中国民众消费的衡量标准，而且在绝大多数的情况下，价廉是放在第一位的，其次才是物美。因此，在价廉的前提下，需求量增加了，"量产"也就成为必然。反过来，有了"量产"，使价廉成为可能。对材料的了解和反复生产带来的熟练以及劳动力的组织变化、设备的合理化，种种力量结合就有可能使生产成本下降。如果不是大量制作，价格低廉就是困难的。价廉促进量产，量产又使价廉成为可能，周而复始，良性循环，因而，器物成为人们生活和生产的必须之物品。试想如果价格昂贵，那么又有多少民众愿意使用它呢？又如何普及呢？民间竹器物必须是廉价的，廉价是"粗暴"使用的基础。民间竹器物是耐用的，编织作为竹器物造物最为普及的技法，其不仅仅根据外形之美而作，更重要的是编织所产生的竹条与竹条相互牵扯的力，再加上编织的可修补性，使其成为经久不坏的基础，这是一种非常科学的结构方式。

还有一种用的美，便是作为民俗文化载体的器物本身所要求的形体之美，在这个内容当中，形体之美成为功能性的要求。竹器物的功能是多样的，有些被用来作为劳动的器具，有些则

---

① 柳宗悦. 工艺文化[M]. 桂林：广西师范大学出版社，2006：152.

是被用作民俗文化的礼仪或祭祀用品。而当被用来作为礼仪或祭祀的功能时，则就要求有一定的外形美感，并被赋予一定的象征意义。如浙江地区的婚嫁习俗中，就把竹器物作为随嫁的用品之一，在这些用品中，大都造型美观，做工考究。同时这些也成为家境好坏的象征，因此，大凡富裕之家，均会召集当地最有名的工匠为其打造最豪华的竹器物。在婚嫁中，当人们看到随嫁物品制作精美而啧啧称奇的时候，娘家的自豪感就会得到极大的满足。

二、技艺之美

民间艺术中那种技艺展现的美感，事实上已经成为民众的一种心理习惯。在日常生活中，以种种随手可得的物质资料，通过匠心制作来抒发、展现自己的艺术感觉，民众对此是相当自信而且自豪的。[①]对于民间竹器物的制作来讲，这种感觉也是普遍存在的。在民间器物的造型过程中，人们的审美愉悦往往就来自于处理最为普遍的物质材料上所展现出来的技艺。[②]

技艺作为人类劳动、造物中的经验和手段，普遍存在于一切形式的劳动创造之中。工艺造物除了材料外，设计的结果主要通过技术过程来完成，理论家、思想家可以否定技术，但工匠艺人却不能脱离它，失去了技艺也就不会有工艺的存在，不会有造物的产生，这是历史的辩证法。[③]民间造物的技术性和技术内涵同广义的技术的概念一样，体现在技能、技艺、能力等不同方面。它既包括人创造第一件工具的手段，也是作为社会活动的工具和技能系统。技能、技巧和技艺作为民间造物的经验和知识，是人类经过漫长的历史时期总结出来的，是认识和利用自然物或自然规律的创造手段之一。

---

① 王毅. 中国民间艺术论[M]. 太原：山西教育出版社，2000：22.
② 王毅. 中国民间艺术论[M]. 太原：山西教育出版社，2000：22.
③ 张道一. 工业设计全书[M]. 南京：江苏科学技术出版社，1994.

作为民艺的技术内涵，除了它自身形成的技术思想体系作为技术指导外，它仍具有技术手段所包含的"功能性"、"技巧性"、"劳动性和生产性"等基本属性和技术过程，如静态与动态的关系，表演与时间的关系等。[1]

功能性。民间竹器物作为以实用为主的器物，其实用之功能性永远是工匠所追求的首要目标，也是所有造物技术的最基本内涵。（图6-4）针对体现功能性造物的技术，主要表现在所制器物的"尺度"是否符合"人体工学"的原理以及实际使用上的适用性原理，而这些原理通常需要借助工匠正确的经验判断，工匠的经验判断也隶属于技术，是技术思想体系的一部分。所谓"尺有所短，寸有所长"的计算哲理，是人类在工艺造物中的技术尺度和标准，它强调人对功能作用的有意追求，强调"懂得按照任何事物的尺度来进行生产，并且随时随地都用内在固有的尺度来衡量对象"[2]。这种尺度是人们通过长时期的，在劳动中认识生产的规律所形成的具体性结果，并且在一代代的传承中流传了下来，最终形成了既具体又有一定模糊性的数字。这些数字有一部分是比较直接的长宽高数据，比如竹席的制作首先必须确定床的长度和宽度，才能具体确定竹席的长宽数据。有些则是通过器物某一部件的模糊数据或单体数据来形成整体的，因为针对某些器物的制作，并不是原先制定好整体的尺寸才开始的，而是最初通过确定最重要的部件尺度，然后依据该部件作为参照，继而逐渐形成整体，这些尺度具有一定的模糊性，这种模糊性是符合手工艺的特点的。比如针对竹椅的制作，工匠必须有一个大概的尺度概念，以便下料。接着首先制作一个竹椅两侧的倒"U"形架，然后以该架为参照，制作另一个架子，再按照竹椅所固有的尺度比例概念确定椅子的宽度，最后所有的档、把等部件均依据这些尺度来进行裁剪，直至完成。也就是说，对于竹椅来讲确定两

图6-4　在编制竹器物的工匠

① 潘鲁生. 民艺学论纲[M]. 北京：北京工艺美术出版社，1998：270.
② 马克思. 1844年经济学哲学手稿[M]. 北京：人民出版社，1979.

边的侧架是器物制作的开始，然后根据制作程序依次完成各类部件。对于民间工匠来讲，由于工匠较低的文化程度以及民间器物本身的不精确性（也可以说是民间器物的随意性），决定了器物制作的方法不像现在的设计师先画尺寸图，然后根据尺寸图来逐个完成部件的方法。这种以某一重要部件作为参照来确定整体尺度的方式可以说大量存在于民间器物的制作当中。

这里需要说明的是，不管器物在制作中的尺度是怎样形成的，对于民间竹器物来讲，尺度符合器物的功能永远是工匠制作器物的标准，也就是器物必须在尺度上符合人类的使用适合性。民艺中一些适合于实用功能或与人直接接触所产生功能作用的器用，大都体现在人与器物的适应性等方面。[1]以饮食器用为例，无论是陶器的、金属的，还是木制、竹制的碗、筷、瓶、壶、盘等器物，都要适合人的使用。那么在技术上的计算和加工制作上都要考虑到这一点，否则它将成为礼器而失去实用功能。总之，技术的功能作用是建构在实用功能之上的，只有技术功能的确立，才能使其他工艺技术得以实施。如果说，民艺在技术上的造型结构或装饰工艺出于特定的技术和实用功能相互制约的话，那么，它的技术过程实际上是遵循着人的生理尺度而形成的。也就是说，器物的功能作用是实用功能对技术的制约而产生的。

技巧性。造物必须要有技巧，即使是最为简单的器具物品，同样需要技巧才能比较顺利地进行制作。技巧性是在技术过程中，对某些规律的认识及运用这些规律的能力的表现。民艺作为有目的地向人类提供具有使用和审美价值的造物活动，其特点是熟练的、专门化的技巧，它包括对一定物质材料、工具、制作方式的特征和规律的掌握和运用。在材料方面，不同材料具有不同的材料特性，对这些材料特性的掌握是制作器物的基础；在工具方面，不同的工具又有各自的表现技巧；在制作方式上，如木质器物和竹制器物不尽相同，所施用的技巧也需要根据材质的不同

① 潘鲁生. 民艺学论纲[M]. 北京：北京工艺美术出版社，1998：270.

而因材制宜。只有掌握运用这些材料、工具和工艺制作过程的规律和特征，才能构成技巧的特征，才有可能充分发挥技巧的技术性能。

技巧之"巧"，对于民间器物的制作而言，有着两层含义，一方面是指思想之"巧"，在前面一节中所论述的生态造物思想便是器物制作的思想之巧，这种思想之巧是人类群体劳动的智慧结晶；另一方面是指手工之"巧"，手是人体的重要组成部分，它是人类表达的重要工具，是心、脑的延长体，是人类精神表达的客观物体。谈到手的作用，那不言而喻，是最有效的人类改造自身、改造社会、改造自然的"智能"工具。手巧离不开大脑对手的良好支配，因此可以说"巧"之匠普遍具有一个优秀的大脑。约翰·内皮尔在《手》一书中就指出："一只生动的手是一个生动大脑的产物，当大脑一片空白时，手是静止的。"因此，优秀的工匠要制作器物必须要具备两样条件，一个是思想，另一个就是巧手。巧手是可以锻炼的，没有思想的巧手，那么只能算是一个平庸的工匠，而只有思想而没有巧手，那么什么也制作不了。所以，"巧"是集大脑与手一体的美。

对于工匠来说，要想成为远近闻名的工匠，则必须具备有思想的巧手。有巧手比较容易，只要经过时间的磨炼基本上都可以成为手巧之工匠，有了巧手，一般的工匠就有了基本生存的可能。但既要手巧又有思想，这是不太容易实现的，所以成为远近闻名的工匠是比较难的。当然，从竹制工艺品的工匠来说，则必须要两者都具备，因此，也就有了师傅招收徒弟时必须经过考试这么一个过程，既考你的思想，又考你的手巧。

劳动与生产性。民艺的技术内涵还表现在它自身的劳动性和生产性方面。所谓劳动性与生产性，大致包括四个方面，即劳动技术、经济效益、生产组织形式和批量性生产。作为技术过程的劳动性和生产性，上述的几个方面有它自身的属性和特点，民艺中大量注重实用为目的的品类在技术上都侧重这一点。作为器物造物与物质生产一样，工匠必须掌握熟练的专业化、个性化的劳动技术，当然对于民间竹器物的造物来讲，个性化的劳动技术是可以忽略的。熟练的专业化是工匠在技术过程中产生经济效益的基础，一张竹席、一双畚箕，对购物者来讲可能值不了几个钱，但对于工匠则起到了养家糊口的作用，因为它可以通过批量的制作来达到"积少成多"的经济概念。在浙江，竹工匠是有组织的，组织的作用一方面是团结行帮，另一方面则是通过组织来约束同行者，使得同行者在竞争中处于一个相对公平的竞争环境当中，保证绝大多数工匠的利益。

无论是技术的功能性、技巧性还是劳动生产性，其关键的一点在于它区别于机器生产和现代工业技术的内涵。作为民艺的技术内涵或者广义地说是手工业文明的技术本质，它所存在的价值，也就在于技术作为生存和创造生存条件物质的存在，它始终保持着人与自然、自然与材料、材料与技术的连续关系，并把握着自然物与人造物之间桥梁的作用，并非作为单纯的技术形态而存在。所以在民间造物诸多的技术中，不单纯强调物理的理性思维，而更多地强调技术的审美因素，如技术的手工性和技术的劳动表演性等，从而使技术的功能性、技巧性和劳动生产性等诸多因素成为民间造物的技术内涵。

三、造型之美

人类一旦获得对客观对象的认知结构后，就能将自然原型的一系列特征纳入自己的图式，使其成为不同的形象结构和审美形态。人类心理图式越成熟，它从对象中呈现结构和特征的能力就越强。新石器时期中后期，原始人已有能力和机会去自由地驾驭各类形、色、线的组合，这不仅使原有的图形结构模式化倾向更为强烈，而且使其不断衍生出更具有韵律的各类形式结构来。造型形式完全有可能是在不依附于意义的情况下的自律性活动中产生的。即使是处在非常自觉强烈的实用性创造心态之中，制作过程本身总是要和造型活动、造型形式相关联，总是要受到形式结构规律的影响和制约。这样，当造型形式的审美特质不相悖于实用特质，而且似乎有利于实用时，它就有可能在形式的结构中起到一定的作用。在它的持续作用下，形式会自然而然地形成自律性运动。实用特质和审美特质并不是矛盾的，而是协调的。在许多情况下，这正是一种本能性的经验模式的结果。[①]

民间器物的功能之美，是器物作为实用品的诸多审美因素中最为重要的因素。但是，我们知道，如果光有功能之美，而没有造型美感的器物是远远不能满足使用者的审美需要的，也是不能长久的。即使人们在制作器物时对器物美感的要求大多是出于不自觉的状态，但器物在长久的发展当中，随着造型的逐渐变化，使得器物产生了美的因素。上述的这种变化除了对器物功能的苛求所产生的变化之外，另一方面的变化便体现在造型的美感上。

"温饱而思淫欲"指的是：人们一旦满足了最为基本的生活、生存条件后，便会考虑向更上一级的精神领域出发并取得满足，这是人的需要层次上的变化。针对人们的需要层次，马斯洛把人们的需要层次分为生理需要、安全需要、归属和爱的需要、尊重需要和自我实现的需要五个基本的层次（图6-5），其实作为生活在乡间的劳动人民也有这方面的需要层次，只不过表现的不太明显罢了。那么人的需要层次靠什么来实现呢？其中最重要的便是对器物的要求。当人们还在生存线上挣扎时，对器物的要求首先体现在实用性上，以此来争取维持生存的食物，美与不美对他们来讲没有任何的意义。但当人们的生活质量逐渐上升并脱离了生存的危险后，便会想方设法来

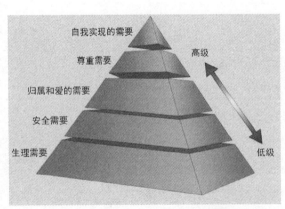

图6-5 马斯洛需求层次图

① 王毅. 中国民间艺术论[M]. 太原：山西教育出版社，2000：99.

提高自身的生活质量，表现在器物上，就是需要有一定的美的形式来装饰这些实用的器具物品。中国的乡民生活，其实绝大部分都处于这样的一种生活质量中，因此，以实用为主赋予美的器物造型就保留了下来，并且影响着整整几百年甚至几千年的人们的生活和生产。

德国著名学者格罗塞指出：“把一件用具磨成光滑平正，原来的意思，往往是为实用的便利比为审美的价值来得多。一件不对称的武器，用起来总不及一件对称的来得准确；一个琢磨光滑的箭头或枪头也一定比一个未磨光滑的来得容易深入。但在每个原始民族中，我们都发现他们有许多东西的精细制造是有外在的目的可以解释的。例如爱斯基摩人用石硴石所做的灯，如果单单为了适合发光和发热的目的，就不需要做的那么整齐和光滑。翡及安人的篮子如果编的不那么整齐，也不见得就会减低它的用途。澳洲人常常把巫棒削得很对称，但据我们看来即使不削得那样整齐，他们的巫棒也绝对不至于就会不适用。根据上述的情形，我们如果断定制作者是想同时满足审美上的和实用上的需要，也是很稳妥的。”[1]这里所说的平正、整齐、光滑、对称，就具有了形式上的审美因素。这里格罗塞仅仅为原始民族所具有的审美作了让人认为确凿的推测，但是原始时期是人类文明生活的开始，那么发展到后来，人们对于审美的需求应该是向上发展的，这些毫无疑问。因此，在民间器物中所表现出来的人们的审美习惯，亦是理所当然的。

前面我们说没有了美的器物是不能长久的，如果说实用性是产生器物的基础，那么美就是该器物造型能够延续下去的资本。只有两者都具备，才可成为历史中的器物，否则便早就淹没在自然之中了。器物造型的起源，可以追溯到数十万年前的旧石器时代。当原始先民根据生活的需要，对各种石器和木、骨、角器进行无数次重复加工时，这些器物的外形便无数次映像到人们的头

---

① 格罗塞. 艺术的起源[M]. 北京：商务印务馆，1984：89.

脑中，产生了对外部形式的感受，逐渐形成了造型的观念，这里的"造型"观念，其实是建立在器物的实用和审美上相结合的观念，尽管从审美的角度来讲，要大大地弱于器物的实用性，但这是人们审美的起步。恩格斯在《反杜林论》中指出："和数的概念一样，形的概念也完全是从外部世界得来的，而不是头脑中由纯粹的思维产生出来的。必须先存在具有一定形状的物体，把这些形状加以比较，然后才能构成形的概念。"在这些形状的比较和舍取当中，在其实用性相同或相类似的情况下，美与不美自然成为关键的因素。竹器物的发展其实也存在着类似的道理，也就是竹器物的造型从简单到复杂，从单一到多样，从简单的十字纹样编织技法到多种编织的技法，在历史发展的长河之中，几乎很难不受到人们审美取向的干涉，从而在功能上趋于合理化，在形式上更具有审美意味。

不同阶层所使用的器物的造型之美反映了不同阶层人们的审美情趣。民间的器物造型之美与贵族器物有着较大的差别，如果还是按照马斯洛的理论来解释，那么民间的器物造型之美主要体现在金字塔的底层几级，而贵族所使用的器物造型之美则为顶上几级。虽然两个层级的美的表现不同，但人类对于美的追求这个本质是相同的，也就是人类无时无刻不在追求着美，追求着美的器物，因为器物包括服饰等的美所反映出来的等级性往往使人不自觉地加入了所属的阶级。

同区域同阶层人们的审美情趣则有很大的雷同性，而不同区域的同阶层人们还是有所区别的。民间竹器物所体现出来的阶层是属于民间的、底层的。在这样的等级中，生理、安全需要是主要的，其最高需求形式也仅停留在归属和爱的需要方面。归属和爱的需要包括两个方面的内容。一是爱的需要，即人人都需要伙伴之间、同事之间的关系融洽或保持友谊和忠诚；人人都希望得到爱情，希望爱别人，也渴望接受别人的爱。二是归属的需要，即人都有一种归属于一个群体的感情，希望成为群体中的一员，并相互照顾。感情上的需要比生理上的需要来的细致，它和一个人的生理特性、经历、教育、宗教信仰都有关系。从乡民的角度来讲，他们的感情需要主要是通过参与各种相同的活动来找到群体的归属感，而使用相同的器具物品往往会很大程度上反映出他们的相同性。因此，相同区域内的某类竹器物表现出了极大地相似性。从民俗所具有的惯性式约束力来看，也同样具有无比的约束力来控制和管理社会。这种状况正如列维·斯特劳斯所说："我们的行动和思想都依照习惯，稍稍偏离风俗就会遇到非常大的困难，其原因更多在于惯性，而不是出于维持某种明确效用的有意识考虑或者需要。"①但针对不同的区域，特别是距离相差较远的区域，有些竹器物的造型还是具有一定的区域性差异，比如，从竹椅的造型来看，四川地区的竹椅造型和浙江地区的造型是不同的，四川地区的竹椅造型有着很强的参照明式家具的影子，比如图6-6是四川地区的两种椅子造型，就是圈椅和灯挂椅的翻版，就连靠背板也做得非常相像。而浙江地区甚至整个江南地区的竹椅则没有这种参照，相对来说更多考虑功能上的需要和制作上的便利，比较质朴。因此，虽然根据竹器物的制作特点可以随意创造出不同的造型，但由于人们对社会归属感的需求的存

图6-6　四川的竹椅造型

① 列维·斯特劳斯. 历史学和人类学、结构人类学序言[J]. 哲学译丛，1986（6）：45.

在，人们还是沿袭了固有的造型，使之成为永恒，这也就是浙江地区大多数竹器物的造型非常相似的原因。

从整体上来说，器物的造型之美，应包括器物的形态、色彩、材质、结构及装饰等要素。当然根据现代设计形态学的理论，造型应包括形态、色彩、材质、空间、时间研究，但形态、色彩和装饰无疑是竹器物造型环节中最为关键的要素。

1. 形态之美

一件竹制品只要质料合适、结构合理，能以使用体现合规律性和合目的性相统一的美的尺度，这从根本上说，就具有了一定的美的因素。然而，作为民间器物来讲，一般的竹器物并未受到自觉的审美处理，其审美价值和实用价值相比，显得微不足道，审美价值往往被实用价值所淹没。但如前所述，美是器物长久延续的基础，因此，即使是被用于使用的竹器物，它还是有一定的美的。民众也不会因为实用而放弃对美的追求，况且这些器物是经历了几百年甚至几千年的传承。

从浙江民间日常生活、生产所使用的竹器物看，可谓品种繁多、用途广泛、形态各异，编织和制作的技法也是非常丰富的。浙江民间使用的竹器物虽然较为粗糙，但这些器物在满足实用的基础上，或圆、或方，编织方法或十字、或人字、或六角等等，在实用和审美上，运用得非常合理，展现了民众作为审美主体的特点。

从竹制工艺品的造型而言，浙江竹制工艺品在总体上是比较娟秀和细微的。工艺品的制作直接受到物质材料的制约，竹制工艺品的审美风格受到竹材特点的重要影响。竹材一般来说体积小、质地细腻、色泽柔和，工艺品的制造者一般只能"因材施艺"地根据竹材的物质特性展现其审美意识。在形体上，竹制工艺品大都呈现出小巧玲珑的特点，浙江嵊州的竹编艺术、黄岩的翻簧竹刻等等工艺品的形体之小自不待言，就是描写人物的象山竹根雕常常也是采用"咫尺千里"之法，在非常狭小的空间里展现丰富的生活场景。

2. 色彩之美

在色彩上，民间竹器物大都利用竹子的原色即青、白、黄等色。一些编织而成的器物可利用篾青和篾黄的色彩差异，通过编织技法，可以编织成非常美丽的图案。但针对一些特殊的物品，比如随嫁器物、工艺品、贴身使用的生活用品等则需要进行一定的着色处理。

随嫁竹器物一般比较考究，因此需要通体上清漆，并在关键部位着以不同的色彩用来形成图形，图形大都以"双喜"为主，或红色或黑色，体现了婚庆的特点。

浙江的竹制工艺品主要有象山的竹根雕、奉化与黄岩的翻簧竹刻、嵊州与东阳的竹编工艺品等，这三种工艺品的着色均是不同的。从象山竹根雕来讲，色泽大都以绛红仿古色为主，体现了传统工艺品的色彩特点。但随着竹根雕师傅的不断研发创新，也有一些竹根雕色彩采用了奶黄色等色，对于这些色彩的处理，主要从所雕器物的特点来进行考虑的，如一些美女形象的竹根雕，奶黄色比绛红仿古色更能体现女性的特色。翻簧竹雕是用大毛竹劈去第一层的青皮和第二层的竹簧，利用最里层的竹白，经过叠压造型、雕刻、油漆等加工而成的工艺品。在色彩上，纯真洁净，色泽嫩黄，如同象牙。竹器上的雕刻既有国画传统的白描，也有古朴苍劲的金石风味。

贴身使用的生活用品有时也需要着色。比如，竹席的着色方法是用黄酒倒入锅内，再把已经劈好的篾丝放入，进行加热，使黄酒的色泽充分渗入篾丝内，这样的篾丝比自然状态下的篾丝略黄，经过浸泡后的篾丝编织成的竹席，据篾匠介绍其使用后容易发红，而且还具有消毒去虫效果。另外，竹席的颜色会随着时间逐渐由淡黄色转变成红色，这是人们在使用时人体所散发出来的汗液长期侵染的结果，而且竹子的柔韧性越来越强，所以竹席的美感即在于其颜色的变化，越用越好看。

3. 装饰之美

装饰之美，是构成器物之美的又一个重要组成部分。所谓装饰，是指附丽于器物上的装饰，主要是器物上的装饰纹样、装饰技巧、意匠和手法。在器物艺术中，形态无疑是占据主导地位的，装饰具有一定的从属性。因为器物的形态是实现功能的主要手段，而装饰则起到美化造型、突出造型、增强形态艺术感染力的作用，同时装饰又有其相对独立的欣赏价值。

由于竹器物属于最为底层的器物，民间竹器物一般不进行装饰，即使装饰也是非常之简单的，但简单并不等于没有，而且在这简单的装饰中，我们还是能看出乡民们对于艺术、对于美的追求。当然，对于艺术的追求，一方面需要欣赏主体的审美素质；另一方面，则需要民间工匠的意匠水准。因此，针对乡民较低的审美素质以及工匠的意匠能力，在民间竹器物中所表现出来的装饰意识和水平是相当低的。但民间乡民对器物的装饰并不是从纯审美的意味上去考虑的，更多的则是通过这些装饰来体现自己对生活的愿望。

如浙江地区的竹制橱柜上部，大都通过书法、图案的形式进行装饰，就表现形式来讲，应该是比较粗陋的，书法大致以"勤俭持家"、"山珍海味"等为主，"勤俭持家"体现了乡民较为质朴、节约的生活美德，"山珍海味"则反映了人们对于美好生活的向往。对于图案的选择，主要借鉴家具的特点，以"梅兰竹菊"、"春夏秋冬"等图案居多。整体来讲，民间竹器物的装饰，无论从表现手法，还是从图案的美感来讲，是比较粗陋的，这也说明了民间器物以实用性为主的特点。但是，从这些粗陋的图案中，我们也可以看出乡民们对于美的追求，对于美好生活的向往，同时也通过这些文字和图案反映了乡民勤俭节约的生活观。

浙江民间竹器物中的竹椅上也存在着装饰，竹椅上的装饰部位一般在椅背和椅面上。椅背的构造往往由三四根宽约三四厘米的竹片竖向组成，其上的装饰一般采用文字或图案的方式，从文字来讲，大都有两种方式，一是写上竹椅主人的名字，以免丢失或换错，二是通过诗词的方式，来显现或提高主人的文化修养。从图案的装饰来看，以兰花作为装饰题材的较多，这主要是兰花容易表现，因为这些图案均采用刀刮的手法，大家知道竹片是圆弧形的，运用刀刮通过力的轻重会自然形成兰花叶的造型。因此在竹器物的装饰中，除了以绘画方式产生的图形不受限制外，兰花是刀刮手段中最为常见的图案表现形式，这与刀刮手段的方便性有极大的关系。椅面的装饰则主要用图案进行装饰，很少采用文字，图案装饰的手法与上基本相同，只不过椅面装饰面积更大而已。

民间竹器物的另一种装饰手法便是通过编织来达到器物的美观度，在民间竹器物的制作技法中，编织是最常见的制作竹器物手法。通过这类技法制作的器物，一方面本身编织的秩序感就是美感的体现；另一方面，通过材料本身的不一致性所产生的编织之美，如工匠在制作器物时，会充分利用竹青和竹黄的色泽差异，通过各种编织技法来体现器物的美感，如果说用于生产的竹器物之美感是属于不自觉的自然审美意识的表现的话，那么这种美感便是自觉的审美意识驱引下的美的表现，当然这种处于自觉与不自觉之间的审美意识是民间竹器物的主要特征。

以上三个特征是我在考察浙江民间竹器物时发现的生活与文化特征，在这些特征中，有些可能是民众的自觉行为，有些可能是不自觉的行为表现。但就是在自觉与不自觉中，出现了大量应用在民众生活、生产、文化艺术之中的民间竹器物。虽然有些器物随着社会的发展趋于淘汰，但更多、更实用的新兴的竹器物也即将呈现在我们的面前，而且这个时代已经到来了。希望本书所总结的这些特征及精神能在新兴的竹器物或其他现代产品中继续发扬光大，"更美好的生活"才会真正到来！我期待着这一天！

索 引

后　记

　　我从小就生活在竹的世界里，婴儿时睡的竹摇篮，儿童时用的竹制童车，少年时便用竹子做成各种玩具玩耍，有时还整天围在篾匠身边，摆起模样照着学习，以便做出与众不同的玩具，好在其他人面前炫耀一番。由于家境困难，记得很小的时候便开始跟随着大人干各种农活，接触了许多用竹制作的农具。等到稍大一些，每每到了暑假，就拿着畚箕在稻田边上的水沟里畚泥鳅，挣出个买棒冰的零花钱。如果能十天半月不下雨，那就天天向大人打听什么时候家边上的那条江干得可以捕鱼了，一到捕鱼那天，大人小孩就像是约好了似的，全聚在一起，其中有人一声令下，一大群人便同时跳进江里，把鱼惊得到处乱窜，这时你就只要拿着竹制渔具在水面下捞就可以了，到了傍晚，满载而归，回家向大人邀功。当然，还有更多的使用竹器物的经历，而且这些经历一直延续到我大学毕业。因为有这样的经历，才使我对竹产生了莫名的情感，也与竹结下了不解之缘。

　　我使用过大部分竹器物，而且如数家珍，这为我此后的竹器物研究打下了扎实的基础。我对竹器物的研究始于2000年读研期间在导师张福昌教授指导下的一个课程作业。记得是2001年暑假前张老师给我们布置了一个了解民艺的作业，因为我从小生活在竹子的世界中，而且是学工业设计，所以没加多想便选择了竹器物作为我调研的对象，最终撰写了一篇两万多字的调研报告，把象山县所用的竹器物基本作了介绍。后来稿子拿给张老师看后，他觉得不错，在张老师的建议下我和另外两名同学于2001年10月考察了嵊州（当时叫嵊县）竹编工艺厂，收获颇丰。此后出于个人的兴趣和张老师的许可，我的研究生论文便是围绕着象山县竹器物来写的。虽然现在看来毕业论文略显青涩，但答辩时还是得到了答辩委员会主席徐艺乙老师的许可和鼓励。在此，我向张老师和徐艺乙老师表示深深的谢意和敬意。

研究生毕业后回到宁波大学，通过一段时间的思考，对硕士论文作了一些修改，同时申报并获批了宁波大学青年人才基金项目，对竹器物的研究有了更深入的思考。课题完成后，在2006年申报并获批了浙江省哲学社会科学规划课题（06WZT042），又在2010年获批了国家文化部项目（10DF26）。可以说，本项目的研究是建立在这方面成果不断积累的基础上的。

现在，艰辛而漫长的考察和撰写工作到现在可以算轻轻地画上了句号，回忆起那段对竹器物研究魂牵梦萦的日子以及考察和整理过程的烦琐和复杂，其曲折与困难是我始料不及的。用惶恐和遗憾来形容我现在的心情是恰当的。惶恐的是，不知道这样一本粗浅之作能否得到大家的肯定，哪怕是稍许的肯定。遗憾的是，限于本人的知识和能力，研究中遇到了许多无法深入解答的问题，只能留待以后进行解答。同时希望通过提交这样一本并不成熟的作品，来引起更多相关研究者的关注，继续丰富我国的"竹文化"。

当然，庆幸的是我得到了许多师长、朋友与亲人以及调查时众多乡镇工作人员、乡民的无私帮助。在这里，首先感谢的是张福昌教授和徐艺乙教授对我多年来的谆谆教诲和关怀。感谢杭州国家林业局竹子研究开发中心的吴良如处长对我考察工作的支持。感谢沐尘乡政府的武幸夫先生，他为我提供了一些他自己拍摄的精美照片以及调研上的诸多便利。感谢象山县西周镇上谢村的朱志才村长，龙游县沐尘乡木城村的巫文科先生，缙云县新建镇的邱少敏先生，象山竹根雕大师周秉益、郑宝根先生，更要感谢那些曾经采访过的各位工匠师傅，他们为我提供了调研的诸多便利和非常有益的采访资料。感谢象山县图书馆、丽水市图书馆的工作人员，嵊州竹编厂的领导以及南京林业大学竹子研究所的相关人员给予我的帮助和指导。另外，还要感谢浙江大学出版社胡畔编辑的细心修改，以及宋旭华先生的大力支持。最后感谢我的妻子和女儿，本研究的初步完成离不开她们的谅解和支持。再次感谢！

由于本人学识浅薄，错误定然在所难免，恳请多多指正！

2015年2月18日于宁波大学

图书在版编目（CIP）数据

浙江民间竹器物文化研究/沈法著. —杭州：浙江大学
出版社，2016.4
ISBN 978-7-308-14840-5

Ⅰ.①浙… Ⅱ.①沈… Ⅲ.①竹制品-民间工艺-研
究-浙江省 Ⅳ.①TS664.2 ②TS959.2

中国版本图书馆 CIP 数据核字（2015）第 153489号

浙江民间竹器物文化研究

沈 法 著

责任编辑	胡　畔（llpp_lp@163.com）
责任校对	田程雨　杨利军
封面设计	刘依群
出版发行	浙江大学出版社
	（杭州市天目山路 148 号　邮政编码 310007）
	（网址：http://www.zjupress.com）
排　　版	浙江时代出版服务有限公司
印　　刷	浙江印刷集团有限公司
开　　本	710mm×1000mm　1/16
印　　张	15.75
字　　数	220千
版 印 次	2016年4月第1版　2016年4月第1次印刷
书　　号	ISBN 978-7-308-14840-5
定　　价	48.00元